U0179073

气候文明史

气候变化和人类命运

[日]田家康——著
Yasushi Tange

范春飚——译

人民东方出版传媒
People's Oriental Publishing & Media
东方出版社
The Oriental Press

目 录

文库版前言

写给气候变化孕育的孩子们。

英国科学作家约翰·格里宾（John Gribbin）认为，人类是在自然环境恶化的冰河时代通过巧妙的手段胜出的精英，因此将其著作命名为"冰河时代的孩子"（1993年出版）。格里宾试图将时间轴延长，着眼于从7万年前开始形成到1.17万年前左右结束的末次冰期时代。

普遍的看法是，两足直立行走的人类诞生于非洲大陆是在700万年前左右。人属（Homo）进入欧亚大陆是在180万年前，从解剖学的角度来看，和我们一样的现代人类移民到阿拉伯半岛是在8万年前到7万年前。人类在非洲大陆生活了超过500万年，但非洲大陆对我们人类来说，并不能称之为母亲般自然的摇篮。非洲大陆虽然没有被万年积雪和冰层覆盖，但是人类并不是在简单的森林减少、草原扩大的环境中就可以生存，而是需要在温暖、降水量多和气温下降、台地① 干涸反复交替的激烈气候变动中生存。

---

① 四周有陡崖的、直立于邻近低地、顶面基本平坦似台状的地貌，高度介于平原与高原之间。

现代人类横渡阿拉伯半岛、经过欧亚大陆扩散到世界各地的时代与地球进入末次冰期的时期相重合。围绕太阳旋转的地球轨道发生变化，日照量减少，世界各地的平原上到处都是积雪、冰层。我们的祖先运用在非洲大陆上孕育的智慧，巧妙地在严峻的自然环境中生存了下来。

1.17万年前左右，末次冰期结束，气温转暖，气候变化开始向人类袭来。非洲的撒哈拉沙漠化使牧民失去了家园。以美索不达米亚为首的四大文明，由于一场突如其来的干旱迅速覆灭。亚洲内陆地区一旦发生干旱，游牧民为了寻求粮食而迁移，就会对农耕者形成威胁。气候异常造成鼠疫的大范围传播，导致了古代和中世纪两次大规模的人口减少。在温暖时代，人类以为有了稳定的农业生产力就可以繁荣起来，此刻寒冷和干旱的气候就会捉弄般地再次袭来。尽管如此，只要越过困难时代，人类就会一步一步登上发展的舞台。农业的开端、文明的兴起，以及世界宗教、近代思想的发展，这些都可以说是由气候变化带来的重要契机。

从这一点来看，把人类称为"气候变化孕育的孩子"也不为过。当然，所有的生物都在自然环境的变化中实现了突变和自然选择的达尔文式进化。但是，除了迁移到适合生存的地区，或者把对新环境的适应能力交给下一代之外，别无他法。人类只有运用智慧，才能在自身这一代中摸索出高度适应新环境的方法。

本书从气候变化的角度讲述了人类史。2010 年以单行本首次出版，幸运的是此后受到众多读者的支持加印了五次。2012 年中文版由中国大陆的东方出版社和中国台湾地区的脸谱出版社翻译出版。为了能让更多的人接触到这本书，我们发行了文库本。近年来，大量令人瞠目结舌的科学研究成果不断出现，因此这个文库版中加入了许多单行本出版之后的学术研究成果，并加入了许多颇有意思的逸闻趣事，主要有以下几个方面。

以单行本的第一部第一章为序篇形成了新的结构，从气候变化的角度来探讨人类进化。关于在非洲的人类进化，从 20 世纪 80 年代开始，法国人类学者伊夫·科庞（Yves Coppens）所提出的"东边故事假说"席卷了整个非洲：东非大裂谷的地壳变动在西边留下了热带雨林，而在东边则留下了草原，在热带雨林里留下了大猩猩和黑猩猩等类人猿，之后在草原上诞生了直立行走的人类。但是近年来的发掘调查显示，这一假说不合逻辑，关于人类进化的契机发生在何时的讨论又回到了原点。本书将介绍 2010 年前后提出的"气候周期性变化假说"：人类的进化，特别是脑容量的增加，源于非洲大陆东部剧烈的气候变化。

第一篇讲述末次冰期时代和全新世前期。1.29 万年前左右发生的急剧寒冷化事件被称为"新仙女木事件"，其契机是北美洲大陆上装满雪水的广阔的阿加西湖泛滥。阿加西湖的这一过程仍然留有谜团，最近有了最新的研究成果。同时，这一篇介绍了近年来关于"新仙女木事件是亚洲西部新月沃土地区农业开始的契机"这一假说的讨论。

第二篇聚焦于古代文明的兴起与灭亡。从撒哈拉沙漠化的过程和遗址分布的变化来看，我们可以清楚地发现埃及文明的推手来自哪里。有意思的是，在4200年前开始的全球气候变化中，阿卡德帝国和埃及古王国的灭亡与日本三内丸山遗址的没落是同时发生的。3200到3000年前左右，亚洲西部以制铁技术成为大国的赫梯灭亡，而亚洲东部发生了从商朝到周朝的王朝交替。在地理上完全不同的赫梯和商的灭亡是偶然的巧合吗？

第三篇是关于维京人迁入格陵兰后的繁荣与灭绝的内容，根据从遗迹中获得的骨头的碳同位素和氮同位素可以看出他们的食物变化与生活的贫困。此外，还详细叙述了1600年秘鲁的埃纳普蒂纳火山和1815年印度尼西亚的坦博拉火山作为小冰期巨大火山爆发而造成的全球气候异变。

人类与气候变化的斗争，是在8万多年前人类从诞生地非洲大陆进入欧亚大陆之后正式开始的。而现在人类对抗气候变化的斗争或许已经进入一个新的阶段。根据政府间气候变化专门委员会（IPCC）对全球变暖的预测，21世纪末全球气温可能比现在高2到4摄氏度。2018年诺贝尔经济学奖授予耶鲁大学教授威廉·诺德豪斯（William D. Nordhaus），其获奖理由是举出了应对全球变暖的经济模式。诺德豪斯在其著作《气候赌场》中，对气温比现在上升2摄氏度以上的现象敲响了警钟。这个水平意味着气温的上升超过了12万年前艾木间冰期的高温期，也意味着我们人类从未经历过的高温期即将到来。艾木间冰期长达1.5万年左右，是一个非常温暖的时代。欧洲西北部栖息着河马、犀牛、斑马，格陵兰的万年积雪、冰层以及海岸周边的洼地都融化了。因此，海平面也比现在高出3到6米。自30万年前现代人类登上非洲大陆以来，艾木间冰期是气温最高的时期。

在攻防游戏中，最后登场的敌人似乎被称为"终极大Boss"。自8万年前末次冰期正式开始以来，现代人类从非洲大陆经由欧亚大陆向世界各地扩散，并始终与气候变化作着斗争。此外，IPCC的气温预测显示，21世纪末人类有可能面临与以往完全不同的强敌。这是一个敌人来自我们内部的故事，让人想起古代的传说、中世纪的寓言或者好莱坞制作的科幻电影。为了预测未来，我认为通过本书重新回顾过去人类与气候变化的斗争过程是很有意义的。

田家康

2019年3月

前　言

　　气候的变化会改变人类的历史吗？大气中二氧化碳的浓度不断升高，很多人担心由此造成的全球温室效应会改变21世纪的自然环境，对人类的生存造成巨大影响。然而，人类与气候展开的斗争并不是从20世纪后半叶才开始的。人类进化本身就是人类跟剧烈变化的气候不断斗争所取得的成果。

　　本书尝试沿着从8万年前到现在为止的这一时间轴，阐述气候变化跟人类历史之间千丝万缕的联系。现代科技日新月异，除科学研究前沿的最新成果之外，对古气候学的研究在这30年中也是突飞猛进，诸多发现都是在进入21世纪以后才得以确认的。这些都是本书想要向读者介绍的内容。

　　日本列岛位于北半球的中纬度地区，纵贯北极到热带的各个气候带。因此在分析气候变化时，自然环境的变化以及人类对自然环境的应对也相当生动有趣。然而，以往欧美的书籍甚少提到气候变化对日本列岛历史的影响，这些内容在本书中占有相当的篇幅。

　　20世纪上半叶，美国地理学家伊斯沃思·亨廷顿（Ellsworth Huntington，1876—1947）针对气候和人类历史的关系提出了大胆的假说。他根据在中亚地区参加探险队的经历，写出了《亚洲的脉搏》一书，在书中他提出有可能是气候的变化导致了游牧民族的迁徙。其后，他被耶鲁大学聘为地理学教授，于1914年发表了他的主要著作《气候与文明》。

如果历史上发生气候变化，那么就一定会对人类造成影响……历史事件和气候变化之间的紧密关系超乎所有人的想象。以往诸多大民族的兴亡，都与气候条件的优劣呈正向相关关系。

亨廷顿预言，自己的假说一定会为今后考古学上的证据以及世界各地的调查数据所证明。

但是，亨廷顿在考察了中纬度发达国家和靠近赤道的国家文明之间的差距后，得出了白人和有色人种之间存在能力差异的结论，并断言欧洲最高级的文明是英国和德国。因此，第二次世界大战结束后，亨廷顿被指为种族歧视论者，他的假说也被批判为违背科学的论调。

亨廷顿主张人类在自然环境中是相当脆弱的。人类应对气候变化的第一步就是要知道自身的极限，这种观点在今天看来非常先进。然而，他的理论过于追求自圆其说，显得过于单薄，并且缺乏地质学上的论据支撑，因此遭到学术界的摒弃，被学术界称为环境决定论。

在这一历史背景下，第二次世界大战之后美国气候学家休伯特·兰姆（Hubert Lamb，1913—1997）对气候与历史的关系展开了进一步论述。第二次世界大战中，英国气象局命令当时在气象局就职的兰姆进行与毒气相关的研究，而兰姆是教友派[①]信徒，对这一工作相当排斥，因此他步入了气象学领域，开始对过往的气候进行分析。

兰姆详细阅读了各种古老的文献，对各个时代的气候进行了推理。第二次世界大战后，放射性碳定年法问世，地层分析也取得了划时代的进步，这些给他的研究提供了很大的帮助。兰姆在1972年出版了《气候：现在、过去、未来》，又于1982年完成了他的集大成之作《气候、历史、近代社会》，在书中他对自冰河时期之后气候和历史的关系进行了详细的论述。

在兰姆生活的年代，科学万能主义盛极一时，但是，兰姆却提道："现代科技虽然不断进步，但是人们似乎不愿承认自然环境的变化对我们的生活有着重大的影响力。然而，我们的祖先饱受饥馑及疫病之苦，对此却有着完全不同的看法……"

1990年以后，以海底沉积物和泥炭地的地层，以及南极和格陵兰岛的冰床和山岳地带的冰河作为研究对象，古气候分析取得了显著的进步。相关研究的重点转移到了对各个时代进行气候再现及历史性研究上。在日本，国际日本文化研究中心教授安田喜宪、筑波大学名誉教授吉野正敏以及东京

[①]　一般指贵格会，兴起于17世纪中期的英国及其美洲殖民地。

大学名誉教授铃木秀夫，都出版了在这一领域相当有价值的解说文献。

此外，布莱恩·费根（Brian Fagan）先后出版了四册跟气候与历史有关的书籍（其中集中论述厄尔尼诺现象的是《洪水、饥馑与帝王》）。作为人类学学者的费根并不是气候学专家，因此他的研究大部分都是参考具有通史性质的兰姆的著作。他将兰姆著作中的各类论题加以提炼，单独用一册书的篇幅探讨各个时代温暖化或寒冷化的气候变化。并且，费根查阅了大量古文献和当代的研究报告，并发挥他卓越的想象力以及在野外考察的经验，活灵活现地还原了当时人类的生活情态。

另外，作为休伯特·兰姆大作的继承者，英国的科学记者威廉·伯勒斯（William Burroughs）于2005年出版了《史前气候变迁：混沌统治的终结》。伯勒斯在他的另外一本著述中对兰姆的研究成果给予了最大程度的赞美。他在书中提到气候和文明的关系这一研究领域是由休伯特·兰姆创立的，"即便是现在，（兰姆的研究）也给所有有关气候变动的著作中提到的事由提供了理想的指针。"

在思考社会和历史的变迁的时候，时常觉得无法释然的一定不止笔者一人。为什么民族会迁徙？为什么单凭杰出人物的个人能力便可以形成大国？又为什么在某个特定的时期全世界范围内会同时出现历史性的巨变？

笔者获得气象预报员的资格之后，接触到了地球整体的气象系统，并在对古气候学不断加深的理解过程中意识到，推动文明和历史前进的关键词之一就是气候变化。某些以往看来似乎无关紧要的历史转折点，在考虑到气候要素之后开始变得无比关键。进一步来讲，人类为适应气候变化所展开的斗争并不只是过去的事情。就如本书开篇所提到的一样，人为因素所造成的地球温室化将来会对社会造成重大影响。正如兰姆著作的标题所示，气候变化和人类社会这一主题，贯穿过去、现在以及未来整个范畴。

本书试图从亨廷顿的问题意识以及兰姆的观点出发，探讨在漫长的时间中历史是如何在变幻莫测的气候中变迁的，在剧烈变化的气候中人类又是怎样战斗至今的。在最后一个冰川期之后的间冰期气候大约出现了五到六次寒冷化，那么，到底气候的温暖化和寒冷化是如何推动历史向前演进的。

本书虽然被冠以"气候文明史"这样宏大的标题，但须知本书既非专业书籍，也非研究论文。各位读者日后读到世界史和日本史的书籍或是看电影、历史剧时，又或是在国内、国外探访历史遗迹时，若是能够回想起原来这个时代的气候是如此这般的，便是笔者莫大的荣幸。

另外在本书的出版过程中，日本放送协会的渡边保之再三推荐本人执笔，庆应义塾高校教员松本直记在技术方面也对本人多有帮助，本人不胜感激。此外，承蒙日本经济新闻社科技部编辑委员会吉川和辉等多方帮助，本书才得以问世；日本新闻出版社的堀口佑介给予尚待磨炼的本人诸多鼓励，在此一并谢过。

田家康

2010 年 1 月

关于冰期
和年代

❶ 在本书中，地名和人名采用了惯用的表记方式。

❷ 关于年代，主要使用放射性碳定年法测定。

序篇

人类进化与气候变化

1 进化时期与全球气候变化

人类的诞生

人类区别于其他类人猿的生物学特征是两足直立行走。700 万—600 万年前的乍得沙赫人和图根原人的人类化石被认为是最早的两足直立行走的人类。话虽如此，但即使他们出现在我们眼前，我们也很难立刻认出他们是人。他们全身被体毛覆盖，脑容量为 400 毫升，与黑猩猩无异。如下所示，从早期智人的出现到现在的智人，人类经历了四大进化时期。

①早期人属的诞生（700 万—500 万年前）：两足直立行走的乍得沙赫人、图根原人、卡达巴地猿。

②南方古猿属、傍人属（350 万—250 万年前）：从东非扩散，制造奥尔德沃石器（250 万年前左右使用简单的碎石加工）。

③人属的出现（250 万年前）：脑容量扩大。最古老的是能人。200 万—180 万年前出现了多种智人属，180 万年前开始制造精巧的石器。一部分走出非洲，进入亚洲（爪哇猿人、北京猿人等）。

④现代人类（智人）的出现（约 30 万年前）。

有趣的是，这些人类进化的时期与地球环境的变化步调一致。800 万年前，在世界各地的大陆，C4 植物以热带地区为中心扩散开来。植物的光合作用有 C3 型和 C4 型两种：C3 植物是指小麦、水稻、树木等在地球上到处繁殖的类型；C4 植物具有名为花冠[①]结构的二氧化碳浓缩结构，可以进行更有效率的光合作用，代表性植物是玉米、甘蔗、高粱等草类植物。

根据分子量的不同，碳有 ^{12}C、^{13}C、^{14}C 三个同位素。^{14}C 是放射性碳，半衰期为 β 衰变，而 ^{12}C 和 ^{13}C 作为稳定碳存在于大气中。与 C3 植物优先吸收 ^{12}C 不同，光合作用效率较高的 C4 植物与 C3 植物相比，^{13}C 的吸收量较多。因此，如果调查食草动物化石珐琅质中 ^{12}C 和 ^{13}C 的比率，就可以推测出动物摄取的植物是 C3 植物还是 C4 植物。

根据分析结果可知，非洲大陆和南美大陆从 800 万年前左右开始，北美大陆和亚洲大陆从 700 万年前开始，C4 植物增加。在这些地区相当大的面积上，森林变成了草原。其原因被认为是 2500 万年前以后大气中的二氧化碳浓度显著降低。

400 万年前左右地球的地形发生了变化。在此之前，南北美洲大陆是分离的，太平洋和大西洋之间有洋流流动，但由于巴拿马地峡隆起，两个海洋被截断。因此，太平洋和大西洋的洋流流向发生了巨大的变化。加勒比海水温较高的海水形成墨西哥湾流，流向大西洋北部，北大西洋洋流形成［关于北大西洋洋流，详见第一篇第 3 章（2）］。因此，欧洲和北美大陆的高纬度地区海水蒸发增加，降雪量增加。如果两大洲上的万年

----

① 德语，Kranz。

积雪和万年冰层面积增加，就会反射日照，成为使整个地球变冷的主要原因。

接下来，印度尼西亚的哈马黑拉海域变小，广大的太平洋热带区域升温的海水无法流入印度洋。印度洋海面水温下降，非洲也因此出现了干燥的倾向。另外，随着喜马拉雅山脉从普通的高原上升为高山，高速气流等大气的流动也发生了变化。

从 250 万年前开始，太平洋和大西洋的海冰漂流到低纬度地区，北半球发生了显著的寒冷化。大约以 4.1 万年为周期的冰期也是在这个时代到来的。

而且，从 200 万年前开始，太平洋南北海面水温的差距越来越大，热带海域东部和西部海面水温的差距也从 2 摄氏度左右扩大到 4 摄氏度以上。太平洋热带海域的东西海面温差与厄尔尼诺现象有很大的关系。太平洋发生厄尔尼诺现象，甚至印度洋也发生了东西海面温差变动的偶极现象[①]。

"律动气候变化假说"

人类进化的四个时期中，最重要的时期是人属出现以后脑容量增大的 180 万年前左右。到那时为止人类的脑容量为 400

[①] 印度洋偶极（Indian Ocean Dipole），指印度洋异常的气候振荡现象，这一现象出现会使印度洋东西侧的海水温度混乱，改变正常风向。此现象有正负两个极端，当印度洋西侧海面温度高于正常温度时为正偶极，相反则为负偶极。

毫升到 500 毫升，与早期人类几乎没有差别，而 180 万年前以后，脑容量从 800 毫升猛增至 1000 毫升。脑容量的再次增长是在 80 万年前，当时的脑容量为 1400 毫升，一直持续到现在。

那么，为什么脑容量会在 180 万年前变大呢？伦敦大学学院地质学教授马克·马斯林（Mark Maslin）等人提出了"律动气候变化假说"。从智人栖息的东非高原的湖面水位来看，从 220 万到 150 万年前，以 180 万年前为高峰，湖面的水位急剧变动。这可能是厄尔尼诺现象和印度洋偶极现象带来的气候变化导致流入东非的季风强弱发生变化。

季风是由于大陆和海洋之间的温差而产生的季节性的风，可以说是巨大的海陆风。在大陆气温一定的情况下，海洋上的气温下降，带着来自海洋的潮湿空气的季风就会变强，大陆的降水量就会增加。相反，如果海洋上的气温上升，来自海上的季风就会减弱，大陆的降水量就会减少。

当湖面水位上升时，人属被隔离为小类群；相反，当湖水干涸时，人属获得了与其他类群杂交的机会。由于自然选择和遗传的浮动，此时人属的种类从五种增加到六种。马斯林等人认为，经过这样的过程，人类为了应对环境的激变，进化出了身体和行动方面的灵活性。他引用杂食性和食腐性（骨髓）作为人类进化得更具灵活性的例证，脑容量变大也是这种进化的一种。这么说来，《旧约圣经》中提到赐予人类智慧果实的是蛇，但也许真正的智慧果实是厄尔尼诺现象。

最早的阿舍利石器 ① 可以追溯到 176 万年前，这种石器是剥落石核外表碾碎的碎石而成的。东京大学的诹访前名誉教授满怀感动地说，这与直立人的出现时间几乎一致，"这是第一次'设计'出来的工具，是按照预先设想的形状制作出来的石器。"

现代人类的登场

我们的直接祖先——原始人类，即智人的最古老的人骨是在埃塞俄比亚南部的奥莫基比什遗址发掘的头骨化石。化石的主人不仅用两条腿走路，而且在上肢和下肢的平衡等解剖学方面发现，也具有和我们相同的身体特征。由于放射性碳定年法仅限于 5 万到 4 万年前，所以采用氩 – 氩定年（$^{40}Ar/^{39}Ar$）进行测定 ②，其结果是 19.5 万年前（±5000 年）。

另外，根据对线粒体 DNA 的分析，有人推测原始人类在更早的时代就已经出现在非洲大陆。在调查世界各地的人所拥有的遗传基因类型时，有分析母系系统树的线粒体 DNA 和分析父系系统树的 Y 染色体的方法。线粒体 DNA 的类型中多样

---

① 两面修理刃缘的大型砍伐工具，包括手斧、大型石刀等。
② 在地质年代学和考古学中，利用放射性来测定年代。

性最丰富的一种被称为 L0，现在被居住在非洲南部卡拉哈里沙漠的狩猎采集民族科依桑族继承。通过比较拥有 L1 线粒体 DNA 的 2000 年前的人骨和科依桑族与西非丁卡族的差异，得出 L0 和 L1 的分支发生在 35 万至 26 万年前的结论。也就是说，30 万年前，现代人类就已经出现在非洲大陆上了。

根据考古学的发掘调查，1932 年在南非发现的弗洛里斯巴人骨距今约 26 万年，长年以来人们都在争论头骨的主人究竟是海德堡人还是智人。2004 年，在摩洛哥的杰贝尔依罗遗址发现的头骨化石距今约有 31.5 万年。

原始人类从 30 万年前开始在非洲各地扩散，但在各自的土地上形成小群体，孤立地生存着。非洲南部为 L0 组，非洲东部为 L1 组。孤立生存的理由之一，一定是气候变化。过了 18 万年左右，地球进入了比末次冰期早的被称为里斯冰期的寒冷时代。非洲大陆周边的西北方向有加那利洋流，西南方向有本格拉洋流，东侧有阿古拉斯洋流。如前所述，季风源于大陆与海洋之间的温差。厄尔尼诺现象引起的海面水温的高低虽然会影响吹向非洲东部季风的强弱，但是一旦进入冰期后大陆的气温下降，大陆和海洋的温差会缩小，来自海洋的季风会变弱。因此，海洋中含有水蒸气的风无法流入内陆，大陆不仅变得寒冷且变得干燥。非洲大部分地区变得干燥，撒哈拉沙漠扩大，森林变成了草原。

在里斯冰期，东非的现代人类逃到了埃塞俄比亚高原绿洲般的湖泊周围稀疏的森林区域。对他们来说，草原绝不是适合居住的地方。因为高温干燥的气候令人难以忍受，而且还有被草原上横行的肉食动物袭击的危险。原本对人类来说舒适的自然环境，并不是树木茂密的热带雨林，而是树木密度稀薄的疏林（Woodland）。这样的环境，只有在高海拔的山岳森林才能找到。

于是，现代人类就在埃塞俄比亚高原上星星点点的绿洲般的地区，被隔离着生存下来。此时，人口规模从 2 万锐减到 1 万，现代人类陷入了濒临灭绝的境地。这个时代的人口减少，是在对居住在肯尼亚的人的核 DNA 的分析上体现出来的。环境变化的严峻，也许不仅仅是对现代人类的挑战。从非洲大陆发掘的人骨可以确认，直立猿人、赫尔梅人等物种在里斯冰期消失了。从其他地区来看，在下一个温暖期艾木间冰期以后被发掘的种类，除现代人类之外，还有尼安德特人、丹尼索瓦人、爪哇岛上的直立猿人（4 万年前左右），以及印度尼西亚的小岛上的佛罗勒斯人（1.2 万年前左右）。

2 现代人类"走出非洲"

向欧亚大陆进发

从非洲大陆到欧亚大陆的迁徙，在原始人类之前已经有

过三次。第一次是在 180 万至 150 万年前，西班牙格拉纳达省
的奥尔塞等遗址出土了奥尔德沃石器，黑海沿岸的格鲁吉亚出
土了属于直立人的德马尼西化石。第二次是在 140 万年前，制
造早期亚述陶器的集团，扩散到中国和印度尼西亚。第三次发
生在 80 万年前以后，使用制作精巧的阿舍利石器的群体从黎
凡特①经由安纳托利亚扩散开来。大约在 50 万年前，海德堡人
来到欧亚大陆，他们的后代成为尼安德特人和丹尼索瓦人。

从非洲到欧亚大陆有三条可能的路径。向西班牙南部移动
的集团很有可能通过某种方式渡过了直布罗陀海峡。剩下的两
条，一条是从苏伊士地区经过黎凡特的北道，另一条是穿过红
海入口曼德海峡（阿拉伯语 "悲伤之门"）的南道。

他们是出于什么样的目的从已居住习惯的非洲大陆来到
欧亚大陆的呢？有几个可能的原因，一个是人口增长的压力。
人类通过协同狩猎能够更有效率地获取粮食，但这反而适合
人口密度低的地区。人类此前从未涉足的欧亚大陆对他们来
说是一个利基市场。

另一个可能的原因就是气候变化。每隔数万年到来一次的
冰期会使居住环境发生巨变，迫使人们不得不去寻找新的栖息
地。还有一个奇特的假设，认为迁移是为了避免传染病。直到
今天，非洲大陆上仍然存在着许多导致传染病的病原体。不仅

---

① 地理名词，今天位于该地区的国家有叙利亚、黎巴嫩、约旦、以色列、巴勒斯坦。

是人类，黑猩猩的死亡有55%都是因为传染病。逃离非洲大陆可以有效地避开病原体。

现代人类的挑战

现代人类至少有过两次"走出非洲"的尝试。在12万年前艾木间冰期的温暖时代，他们迁徙到西奈半岛，移居到黎凡特的卡夫泽和斯胡尔。但是，后来由于气候寒冷化，黎凡特一带变成了沙漠，移居到此的人类在8万年前左右就已经灭绝了。

第二次离开非洲的人类是居住在非洲以外人种的共同祖先。他们走南道渡过了曼德海峡。这可能发生在8.5万年前左右、7.5万年前左右、6.5万年前左右的其中一个时期。目前，该海峡长度为18公里，最深处水深137米，这三个时期地球的气候分别处于D-O旋回的20和19的前后、海因里希事件阶段，短暂的寒冷化使海面水位下降了80米以上［D-O旋回和海因里希事件在第一篇第1章（2）中详细叙述］。

重要的一点是，渡过曼德海峡的人非常少。从居住在非洲以外地区的现代人的母系系统树来看，线粒体DNA的类型只有从L3分支出来的M和N两种。另外，在父系系统树中发现了CT这一类群，从基因"时钟"① 的视角来看，推测是7万年

① 采用基因标记估算脊椎动物物种寿命。

前左右。由此也有人提出，非洲以外的人类的共同祖先最初不足 2000 人。只有如此小规模的人渡过曼德海峡，说明海平面下降的时间非常短暂。

对于移居的人们来说，当初的欧亚大陆无疑是一片世外桃源。无论是在内陆还是在海岸，都可以很容易地采集到丰富的食物。然而，就在第二次"走出非洲"前后，印度尼西亚发生了巨大的火山喷发。这次火山喷发导致的急速寒冷化和长期的寒冷气候，给刚刚开始向全世界扩散的人类带来了巨大的挑战。

3　多峇火山大喷发

"火山之冬"引起的寒冷化

在印度尼西亚的苏门答腊岛北部，有一片被称为多峇湖的锅状火山湖。这个火山湖是在 7.4 万年前的火山喷发中形成的，那一次火山喷发是过去 200 万年来最大的一次。位于多峇火山口的火山湖南北长达 100 千米，东西宽达 60 千米，相比于南北长 25 千米、东西宽 18 千米的阿苏火山湖，多峇火山湖约是后者的 12 倍大（照片 0-1）。

照片 0-1 　多峇湖的卫星航片

资料来源：NASA

　　喷发所释放的火山灰的体积有3000立方千米，这个超大规模的火山喷发对气候和人类产生了怎样的影响呢？据说这次火山喷发的规模是1991年皮纳图博火山喷发的300倍，"火山之冬"持续了很长时间。35亿吨的硫黄在大气中氧化，以硫酸气溶胶的形式飘浮到平流层，阻挡了太阳光到达地表。多峇巨灾理论认为，整个地球的气温最大降低了15摄氏度，火山喷发后的5年间温度持续降低了5摄氏度，人类陷入危机，人口减少到1万人左右。而且，人口减少的痕迹残留在我们的基因中。喷发物随着赤道附近的偏东风向西移动，给进入印度次大陆的人们带来了巨大的伤害。实际上，现在印度地区最古老的母系基因类型是M2，时间是7.3万年前。

另外，也有反对意见认为寒冷化的影响被夸大了。从格陵兰中部的万年冰层挖掘的冰芯中残留的多峇火山的喷火量来看，硫酸气溶胶与喷火规模相比较少，硫黄的排出量仅为1991年皮纳图博火山的3到4倍。还有一种观点认为，如果大量的硫酸气溶胶分布在平流层，它们就会聚集成大块，降低太阳光的反射率，更容易落到地表。马克斯·普朗克（Max Planck）研究所通过计算机模拟实验得出的结果是，气温下降在4到6年期间最多达到2.5摄氏度，其间降水量的减少也在约2年后消失。

曼德海峡海面水位下降的时代发生在7.5万年前左右，D–O旋回带来的寒冷化趋势和多峇火山喷发的节点是重叠的，寒冷化的周期性变动所造成的影响，以及"火山之冬"的影响有多么严重目前还不清楚。

4 穿衣抵御寒冷的气候

穿衣发生在什么时代

关于多峇火山的喷发，还有另外一种很有意思的假说。寄生在人体的虱分为头虱、衣虱和阴虱三种，分别寄生于人头部的毛发、衣服和阴部的体毛中。其中阴虱自成一类，衣虱是从头虱分化出去的，与头虱一起同属人虱。对DNA进行分析后发现，衣虱是在约7.4万年前从头虱分化出来的。这一发现也暗示人类是从这个时代开始穿衣服的。因此有人提出，人类是为了抵御多峇火山喷发引起的严寒才开始穿衣服的。

在多峇火山喷发之后地球迎来了最后的冰期，进入了相对温暖的时期（亚间冰期）和寒冷的时期（亚冰期）交替出现的极寒时代。这一时代的冰期并不只是长时间的寒冷，其间还夹杂着剧烈的气候变化。

与类人猿相比，人类的毛发变得稀薄的时间被认为是170万年前的匠人时期。体毛稀薄的现代人类如果不穿上衣服，就只能在靠近赤道的地区生存。然而，他们的足迹却在到达了阿拉伯半岛之后，经过印度次大陆一直延伸到了泰国、马来西亚以及印度尼西亚等地。

现代人类向世界各地的扩散

面对急剧变化的气候，人类获得了其他动物没有的穿衣服这一应对方法，这作为生存策略是极其重要的。由于穿着衣服，人类在真正的冰期中扩大了生存的范围。在末次冰期的寒冷时代，东南亚的直立人灭绝了，欧洲的尼安德特人虽然体形适合寒冷地区，但也没能存活下来。然而，现代人类（智人）不仅生存了下来，并且还在残酷的自然环境中实现了人口的迅

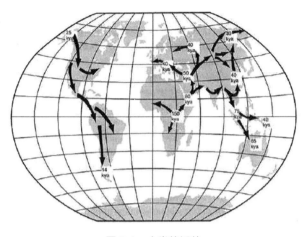

图 0-1　人类的迁徙

资料来源：William J. Burroughs「Climate Change in Prehistory」(2005)

速增长。胜者为王，现代人类在"走出非洲"之后，在 1 万年前席卷了地球上除南极大陆之外的所有大陆。

　　他们追寻着在寒冷的大地上不断扩大的广阔平原上生息的大型草食哺乳动物的足迹，来到了欧洲北部冰雪覆盖的地区，又或者迁徙到了中亚以及西伯利亚等地。穿过西伯利亚草原到达黑龙江边的一部分人类从白令陆桥徒步来到了阿拉斯加。

　　线粒体 DNA 分析的结果显示，欧洲人的祖先在 5.6 万年前从西亚途经土耳其、保加利亚，来到了多瑙河边。不过，通往亚洲的路径一共有四条。首先是从东南亚沿着海岸线北上之路，其次是从西亚经过开伯尔山口沿着中国西藏的南部边境从长江向南部前进的道路，以及在经过开伯尔山口之后改道西藏北部的塔里木盆地向中国北部前进的道路，最后一条是从西南亚北上，从哈拉和林经贝加尔湖到达黑龙江的道路。另外，东南亚的一部分人类在6万年前海面水位低下时徒步渡过新几内亚，迁徙到大洋洲大陆（图0-1）。

那么在冰期的严酷气候里，人类是怎样生活的？他们所居住的大陆是什么样的？他们又是靠食用什么得以生存的呢？

第一篇

黎明：
气候变化养育人类

第1章
在寒冷的气候中

在法国南部城市波尔多以东 120 千米的蒙尼克村中发现了著名的拉斯科岩洞壁画。这些壁画是在 1940 年 9 月,马塞尔、杰克、乔治、西蒙四个少年和宠物狗一起探险时偶然发现的。这些壁画绘制于约 1.7 万年前的旧石器文化时期,属于马德莱娜文化。拉斯科岩洞被誉为"洞窟壁画的西斯廷大教堂"。

已知最早的岩洞壁画是在西班牙北部坎塔布里亚州郊外的阿尔塔米拉洞窟中发现的。与拉斯科岩洞壁画一样,阿尔塔米拉洞窟壁画也是当地领主五岁大的女儿最先发现的。远古残留

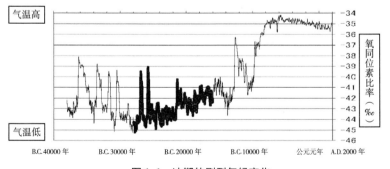

图 1-1 冰期的剧烈气候变化

资料来源: Greenland Ice Core Chronology 2005(GICC05)

下来的洞窟壁画在从法国中部到伊比利亚半岛的地区间分布广泛，其中最早的壁画位于法国南部阿尔代什县的肖韦岩洞中，其历史已经有 3.2 万年之久。这些色彩绚丽的作品不仅存在于欧洲西部，在乌拉尔地区的恰波瓦洞窟的壁画当中，人们也发现了描绘有七头猛犸、两匹犀牛以及大量的马的图样。

　　这些壁画是生活在冰河时代的克罗马努人绘制的。各位读者听到"冰河时代"这个词时，脑海中会是怎样一幅图景呢？截止到 20 世纪中叶有四次被称为"冰河期"的时代。在这些长达数万年的冰河期，地球仿佛被放进了冰箱一样，到处都是冰天雪地（需要解释下"冰河期""冰期"这两个术语，冰河期是指从地质年代来看，地球的某个地方有被称为冰床的万年积雪、万年冰存在的时代。如今，南极和格陵兰岛仍然一年四季都有积雪，因此我们现在生活的时代也该被划入持续数千万年的冰河期中。在冰河期中，相对寒冷的时期被称为冰期，相对温暖的时期被称为间冰期）。可以想象人类在冰川上身穿兽皮所制的衣服，手持长矛狩猎猛犸的情景。他们的生活究竟如何？

　　第 1 章将会讲述：

- 末次冰期的气候是怎样的？
- 在末次冰期中，人类为了生存下去做了哪些努力？
- 末次冰期的日本列岛地形是怎样的？气候和植被与现在

有何不同？

　　此外，笔者还想介绍一下以猛犸为首的大型哺乳动物灭绝的原因：到底是自然环境的变化，还是人类的狩猎造成的。

1 末次冰期的气候与人类的生活

末次冰期中大地的模样

　　在距拉斯科岩洞不远的丰德高姆洞穴的壁画中，描绘了约200处动物的画像，其所描绘的动物按照数量从多到少排列分别是原牛、猛犸、马、驯鹿和一些大型草食动物，基本上看不到马鹿、野牛等森林生物的身影。

　　原牛是家牛的祖先，在拉斯科洞窟等欧洲南部的壁画以及撒哈拉沙漠中部的塔西里·阿杰尔遗址的壁画中都出现过它们的身影。盖乌斯·尤利乌斯·恺撒（Gaius Julius Caesar）把它们称为"乌鲁斯"，并记载道："从来没有见过的野兽，远比家牛要大，非常狂暴，只要遇到人或动物就会攻击。"原牛在中世纪之后随着欧洲森林的开垦数量逐渐减少，仅在贵族的禁猎区中还有少数残留。1627年在波兰留下了最后一头老年雌体死亡的记录之后，原牛便彻底灭绝了。

　　从残留在遗址中的动物骨骸可以得知，当时的克罗马努人的主要食物是驯鹿。在最后一个冰期——沃姆冰期中，冰河延绵到欧洲北部，冰河的南部则是广阔的草原。

沃姆冰期在 4 万年前开始变得更加寒冷了。其中，从 2.3 万到 1.9 万年前的这段时期，被称为末次盛冰期（LGM：Last Glacial Maximum）。

在末次盛冰期，陆地上以冰和雪的形式积蓄了大量的水，海水总量变少导致海平面下降，丹麦和斯堪的纳维亚半岛之间的北海海盆浮到海平面以上，不列颠岛与欧洲大陆相连（图 1–2）。

植物的分布与现代也完全不同。当时现在的德国西南部广泛分布着被称为"黑森林"（Schwarzwald）的以冷杉为主要树种的森林地带。恺撒的《高卢战记》中称日耳曼人为"住在森林中的人"，理查德·瓦格纳（Richard Wagner）的歌剧《尼伯龙根的指环》中，日耳曼人生活的世界也是森林。由此可知，中欧一带自古就覆盖着茂密的森林。

可实际上，在末次盛冰期中广漠的冰原一直延伸到德国北部地区，其南侧的地区基本上也是残留着永久冻土的苔原及草原环境。"苔原"（Tundra）为俄语，意为"没有树木的平原"，而这里所说的"草原"（Steppe），则特指年降水量在 250 毫米到 750 毫米之间、植被短小的半干旱地形。当时的森林仅分布在伊比利亚半岛和地中海沿岸极其有限的一部分地区。

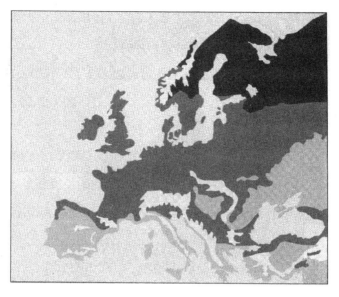

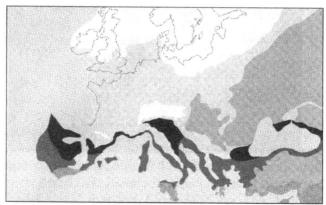

冰盖·冰河 　　■ 亚寒带针叶林 　　▨ 地中海性杂木林
苔原及山岳地带 ▦ 落叶阔叶树以及 ▨ 草原
　　　　　　　　　针叶树

图 1-2　欧洲大陆的变化（上：现在；下：末次冰期）

资料来源：W.F. Ruddiman「Earth's Climate Past and Future」（2008）

22

北美大陆的巨大冰盖与人类移居

北美大陆的自然环境则更加恶劣。从现在的加拿大到美国北部匍匐着三个巨大的冰盖。需要说明的是，"冰盖"（Ice Sheet）也被译为大陆冰河，相对于"冰河"（Glacier）特指分布在山岳地带的万年雪和万年冰，冰盖则指沉积在平地上的万年雪、万年冰。现在地球上残存的冰盖仅剩格陵兰岛和南极大陆，但在末次冰期绝大部分大陆都覆盖着冰盖。欧洲大陆有北部的斯堪的纳维亚冰盖和分布在内陆山岳地带的规模稍小的阿尔卑斯冰盖，北美大陆有劳伦冰盖、科迪勒拉冰盖，北大西洋有格陵兰冰盖等众多冰盖。在南半球也有巴塔哥尼亚冰盖，现在的阿根廷、智利和新西兰的大量地区也被冰盖所覆盖。

其中又以覆盖了北美大陆东岸到中部地区的劳伦冰盖最大，其厚度在 1600 到 3000 米之间，向南一直延伸到现在的纽约。曼哈顿岛上中央公园的巨石就是沿着劳伦冰盖从北方漂流而来的，它也是冰盖曾一度延伸到北美大陆东岸北纬 40 度地区的证据之一。

在末次冰期由于海平面降低，欧亚大陆和阿拉斯加之间有白令陆桥连接，当时生活在西伯利亚的人类渡过这一陆桥，在 2 万到 1.5 万年前来到了北美大陆。他们虽然在 2 万年前较为轻松地从西伯利亚来到了阿拉斯加，却由于科迪勒拉冰盖和劳伦冰盖的阻挡，难以移居到较为温暖的南方。

在有关人类抵达美洲大陆的学说中，现在流传较广的是亚利桑那大学的凡斯·海恩斯（Vance Haynes）所提出的理论。他主张最早出现在现今加拿大以南地区的人类是克洛维斯人，他们在 1.5 万年前穿过劳伦冰盖和科迪勒拉冰盖暂时出现的无冰走廊到达了南方。然而，近些年在弗吉尼亚州的仙人掌山和智利南部的蒙特维德发现了比克洛维斯人更早的古人类遗址，引发了激烈的争论。

另外，斯坦福大学的约瑟夫·格林伯格（Joseph Greenberg）从美洲原住民语言的差异的角度提出，远古人类从阿拉斯加南下是在 1.1 万年前、9000 年前和 4000 年前分三次进行的。根据这一假说，移居美洲大陆的人类由移居到中南美洲的部族（美洲印第安人）、居住在加拿大以及北美大陆西部的部族（纳迪内），以及从北极圈来到格陵兰岛的部族（因纽特—阿留申）三支组成。

利用基因分析所展开的研究也在不断发展，有新的论点认为南美洲原住民的基因变异的多样性较大，因此有可能是在末次盛冰期成功来到南方的部族的后代。按照这一假说，人类从阿拉斯加南下的道路不是冰盖间隙当中的两条无冰走廊，而是沿着北美大陆西海岸的环太平洋之路。

末次冰期的气温与降水量

据推测，在距今 2.1 万到 1.8 万年的末次盛冰期，地球的平均气温比现在要低 5 摄氏度，尤其是有巨大冰盖的北半球高纬度地区，年平均气温比现在低 12 到 14 摄氏度。欧洲大陆的气温在一年当中绝大部分时间都只有 2 到 3 摄氏度，甚至零下。现在东欧和中欧地区的年降水量约为 600 毫米，当时却只有 60 到 120 毫米，不仅寒冷，而且少雨干燥。

亚洲也一样，西伯利亚南部冬季的平均气温比现在低 12 摄氏度，中亚地区也比现在低 6 摄氏度，由于干燥，中国内陆形成了大面积的草原，犀牛、马、瞪羚等草食性大型哺乳动物都在此繁衍生息。在热带地区，末次冰期的寒冷化带来的影响较小。海水温度与现在相比仅低 1 到 2 摄氏度，热带海拔较低地区的气温比现在低 2.5 到 3 摄氏度，海拔较高地区较现在也仅低 6 摄氏度左右。

严酷自然环境中人们的生活

那么，在欧洲严寒干燥的气候条件下，人类是怎样生活的呢？在拉斯科洞窟附近的高加斯洞窟内的壁画上，动物的形象旁边残留 217 个手印。在这些按在壁画上的手印当中，38% 的手印除了拇指之外其余四指均没有第一关节，完全完整的手印只有 10 个，并且全部是小孩子的手印。有的看法认为这是出于某种宗教仪式有意识地将手指切断了。但这些残缺的手印也有可能是由于冻伤而进行外科手术之后的结果。

在末次盛冰期，人类努力在极寒地区求生，而且就在距今 5 万到 4 万年开始的旧石器革命中智能得以较大发展。正如某个距今 5 万年的南非遗址中的图纸和装饰品所示，人类从这一时期起就已经开始了意图清晰的创意活动。

其中，3 万年前发明的针和线在寒冷地区的生活中十分实用。人们用针线将好几枚毛皮束在一起做成衣服。这种叠穿服装保暖效果非常好，防寒能力十分强大。

位于捷克东南部的下维斯特尼采遗址，被认为是 2.7 万年前左右的旧石器时代后期的遗址。在这个遗址中，除了陶瓷制的维纳斯像之外，还在烧过的黏土上发现了驯鹿的毛皮和 36 种纤维的痕迹。从这个痕迹来看，最古老的织物可以追溯到这个时代。

曾在巴黎人类博物馆工作的亨利·V. 瓦卢瓦（Henri V. Vallois）在《早期人类的社会生活》（1961 年出版）中发表了对旧石器时代 76 具人骨的调查结果。其中，21 岁以上的有 35 具，不足半数。30 岁以上的有 20 具，并且全部是男性。30 岁以上的女性骨骼一具都没有，其原因有可能是妊娠和育儿造成女性寿命的缩短。

生活在欧洲干燥广漠的平原上，人类仅靠采集食物难以保证充足的食粮，因此以狩猎驯鹿、马和驼鹿为生。仅 3 个家族的 15 人为了生存，一年之中必须捕捉 1500 头驯鹿。由于猎物会随着季节的变化而迁徙，所以人类必须把握自然的变化和动物的动向来设置狩猎用的陷阱，但又仿佛不只依赖于对大型食草动物的狩猎。通过调查骨头中碳同位素和氮同位素的比例，就能知道他们从什么食物中摄取蛋白质。尼安德特人骨头中的蛋白质几乎全部来自大型食草动物。与此相对，虽然欧洲的克罗马农人和尼安德特人一样狩猎大型食草动物，但也摄取相应比例的河鱼、乌贼、章鱼以及鸟类的蛋白质。

法国和西班牙的洞窟壁画分布在山间的溪谷地带，这些壁画应该是由一边躲避严寒一边狩猎大型哺乳动物而选择洞窟作为生活据点的某个集团所绘制的。与此同时，由于气候比较稳定，并且可以以海产物为食，应该也有相当数量的人类选择沿海岸线居住。可是末次冰期结束后海平面重新上升，当时海岸线附近的遗址现在绝大部分都沉入了海底，未能留下考古学意义上的证据。

将目光转离欧洲，靠近赤道的低纬度地区的人类，则留下距今 2.3 万年的巴勒斯坦北部加利利海西南部的 Ohalo Ⅱ 遗址。这一遗址由于常年沉于水面之下，所以有机物的保存状态良好。在面积超过 2000 平方米的遗址内发现了六间小屋，一间墓穴，若干石造设备等。从遗迹中发掘出的粮食种类有很多。种类超过 100 种。数量超过 1 万的种子和水果被挖掘出土。主要有橡子、杏仁、葡萄、橄榄等。虽然也发现了大麦和小麦，但都是野生的，这些种子和水果已经被储存了起来。

此外，还发现了瞪羚、鹿、狐狸、野兔的骨头，以及数千块鱼骨。在这一遗址中居住的人杂食程度较高，动物性食物的比例据推测为 50%~70%。根据调查结果，在北纬 40 度以南的地区，当时人类的食物只有 20%~50% 是果实、叶、根、蛋等。

2 剧烈的气候变化

剧烈变化的气温：D-O 旋回和海因里希事件

最近 50 年来的古气候研究发现，冰期中的气候并不只是寒冷，其间还有剧烈的气候变化。其中具有代表性的研究成果，是针对格陵兰岛万年冰的堆积物（冰芯）和北大西洋海底堆积物（海床沉积芯）所展开的分析。

格陵兰岛冰芯研究成果是以丹麦人威利·丹斯伽阿德（Willi Dausgaard）和瑞士人汉斯·厄施格尔（Hans Oeschger）为首的研究者在 1966 年开始的研究中取得的。在研究中，他们将从格陵兰岛和南极挖掘出来的远古冰层中所含有的氧元素作为分析的标本。作为水的组成成分之一，氧元素并非只有常见的分子数为 16（^{16}O）的一种，还存在少量的质量数为 17、18 较重的氧元素，这些氧元素被称为氧同位素。质量不同的氧元素在蒸发时的水蒸气压不同，气温越高降雪中的氧同位素（^{17}O、^{18}O）的比例就越高。因此，利用这一对应关系可以推测出过去的气候。

丹斯伽阿德等人在格陵兰岛向下挖掘到 3200 米以下，将冰柱的冰床芯切碎后采集，从靠近表面的部分（新时代）到底部（旧时代），对大约 11 万年前到现在的气温进行了分析。其结果表明，末次冰期的气候急剧变化，十分不稳定。

在以 10 万年为单位的冰期循环中，各个冰期都存在较小规模的气候循环，人们将冰期中气温暂时小幅上升的时期称为亚间冰期（Interstadial），与此相反，为了示区别将气温降低的时期称为亚冰期（Stadial）。丹斯伽阿德等人通过更细致的分析发现，即使是在冰期之间也存在周期性的 24 次气温急剧上升的时期，并在 1985 年提出观点认为气温的变动模式中存在周期为 1500 到 2200 年的循环。其中比较典型的模式是气温在约 20 到 30 年中急剧上升，其后再在约 100 年的时间内逐渐降低。这一气候变化的模式被称为 D-O 旋回（Dansgaard-Oeschger 旋回，丹斯伽阿德 - 厄施格尔旋回）。

不光是格陵兰岛的冰芯，美国西海岸圣塔芭芭拉海盆的堆积物和法国西南部的洞穴、耶路撒冷附近犹大山地的石笋（钟乳石）等都证实了 D-O 旋回，D-O 旋回也由此被认为是地球性的气候变化模式。然而其产生的原因至今都没有清晰的理论可以解释。有人认为这一周期性变化是因与太阳 1470 年的周期性活动一致所引起的，也有人认为与洋流存在一定关系，这一课题还有待进一步研究。

另外，德国人赫尔穆特·海因里希（Helmut Heinrich）对北大西洋海床沉积芯进行了分析，并在1988年发表研究成果认为在末次冰期的7万年中大约有6次全球气候急剧变冷的时期。在这些急速寒冷化的时期的海底沉积物层中发现了被劳伦冰盖侵蚀的厚为0.18厘米到3厘米的岩屑。据称这些岩屑是由原本位于大陆的冰川崩塌之后，成为冰山漂浮于海洋之上，最后沉积到海底所形成的。这种以1万年为周期反复发生的急速寒冷化，被称为海因里希事件。

一般认为海因里希事件周期性发生的机制如下：北美大陆东北部的寒冷冰盖的厚度不断增加，冰盖底部与地壳相接的部分由于地热供热，与冰盖顶部存在温差。由于地壳不断给冰盖提供热量，而上层冰盖却阻止了热量的挥发，因此交界部分的温度不断升高，地壳附近的冰层融化变成水之后，冰盖便像坐滑梯一般滑入哈得孙湾。北大西洋的冰盖滑入海中引起海水温度下降，导致北大西洋洋流减弱，最终引起全球寒冷化。

关于北大西洋洋流引发的气候变化机制将在本书的下一章进行阐述，然而每次海因里希事件发生时，格陵兰岛的气温都会迅速下降3到6摄氏度。

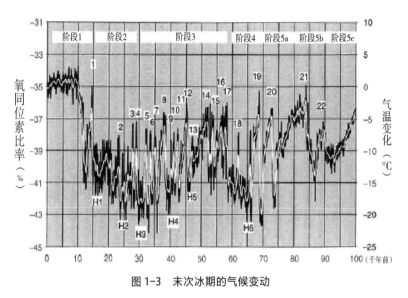

图1-3　末次冰期的气候变动

注：$H_1 \sim H_6$ 表示海因里希事件，数字是D-O旋回。

资料来源：W. Burroughs「Climate Change in Prehistory」(2005)

"冰河时代的孩子"

图1-3中显示了由格陵兰岛冰芯推测出的末次冰期的气温变化包括22次D-O旋回以及6次海因里希事件。图的左端离现在较近，右端相当于离现在最近的间冰期——艾木间冰期。观察气温的动向可得知在冰期当中气候变化十分剧烈，在仅数百年的区间内气温上下变化幅度超过10摄氏度的情况数次出现。同时也可以看到在末次冰期结束后的1万年中，气候罕有地呈现出非常稳定的状态。

如前所述，人类明显表现出智能是在约 5 万年前，亦即在末次冰期中即将进入盛冰期之前的年代。可以认为在剧烈变化的气候的条件下，人类为了生存而发展了智能，或者说为了生存不得不发展智能。

有人会问："恐龙在地球上繁衍了将近两亿年，为什么没有发展出智能来？"答案是恐龙没有必要发展智能，即恐龙即使没有智能也可以生存下去。生活在中生代的恐龙不像人类，面临着不发展智能就会灭绝的环境压力。

在欧洲等靠近冰盖的地区，冰期之间的季节变化比现在大得多。在当时的环境下，大型动物随着季节迁徙，而人类则追逐着赖以谋生的大型动物的步伐转移阵地。学会预测春夏秋冬的循环往复，对于人类来说成了非常重要的事情。从植物的生长状况到候鸟的来来往往，人类将这些大自然的信号深深记在脑海中，并开始认真思考今年与往年相比，季节的转换是迟还是早。

3 末次冰期时的日本列岛

冰期时代日本的地形和气候

末次冰期时的日本列岛是什么形状呢？图 1-4 所显示的是两万年前的日本列岛，当时的日本列岛从北海道到九州四个岛一一相连，濑户内海在当时也是陆地。中间的是现在的津轻海峡，津轻海峡所在的渡岛半岛和津轻半岛之间最大水深约为30米。冬季，北海道的北段通过"冰桥"与西伯利亚相接，整个日本列岛在当时是一片一直延伸到九州的鹿儿岛和西南诸岛的弧形陆地。

至于对马海峡，最早的观点认为当时陆桥贯通朝鲜半岛，日本海被陆地完全封锁，但是最近的研究表示可能有很小的海水出入口存在。不过，由于日本海北段的间宫海峡与大陆相连，日本海内湾化，所以不像现在一样有对马暖流和利曼

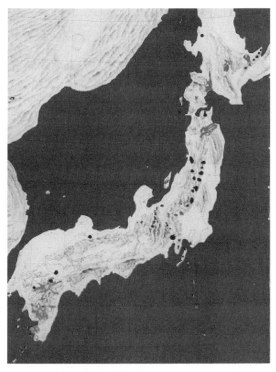

图1-4 末次冰期的日本列岛（距今2万—1.8万年）

资料来源：湊正雄 監修「日本列島のおいたち 古地理図鑑」（1978）

洋流等寒暖流交汇。因此，当时的日本海比现在寒冷，在末次盛冰期中日本海北部分布着万年冰，日本海在冬季有可能全域冻结。

今天，本州日本海一侧被称为暴雪地带。这个地区降雪的机制是当从西伯利亚而来的寒冷空气通过日本海上空时，由于对马暖流的流入，空气的温度升高并且从海面补充了水蒸气，这些水蒸气气团在日本海一侧的山间部的倾斜面爬升时冷却凝结，变成雪降落地面。其关键在于寒冷干燥的西北风吹过海水温度较高的日本海上空。如果不是暖流流经日本海，那么海面水温升高就不可能发生。调查福井县三方五湖的湖底沉积物发现，末次冰期时日本靠日本海一侧的积雪要远远少于现在。

夏季从东南亚经过东海而来的西南季风比现在弱，梅雨前线与台风的活动并不频繁，因此年降水量约只有现在的三分之一。

通过分析各地地层中发现的花粉可以推测出当时日本列岛的年平均气温比现在低7~9摄氏度。东京大学的阪口丰教授所进行的尾濑原泥炭分析也印证了这一结论。从末次盛冰期的尾濑地层中检测到的全部是偃松花粉，由此可以推断日本中部地区的平均气温约为零下3摄氏度。现在尾濑原地区的年平均气温为4.5摄氏度，因此当时的气温比现在要低7.5摄氏度。如果将当时的温度与现在日本各地的温度相比的话，当时东京的气温大致与现在的札幌相当，而当时札幌的气温则与现在的库页岛中部地区相当。

由于当时日本全国都比现在寒冷，所以北海道等北部地区的高处终年积雪，低处被苔原或北方亚寒带针叶林覆盖。本州北部的低地是稀疏分布着赤杨、白蜡、柳树等树木的草原，较高处则是栎树、日本橡木、松树等组成的森林。从本州西部到四国、九州地区的高地上分布着松树及桦树等原生林，而喜好温暖气候的杉树则仅在西南诸岛与陆地相接的低地上生长。

日本人从何而来

在日本发现了旧石器时代制造的斧头，因此可以确定在3万年前日本岛还与欧亚大陆相连的时候就已经有人类在这里生存了。那么，日本人的祖先是从哪里来的呢？关于这个问题，江户时代末期以后，有各种各样的观点出现。

荷兰商馆医生西博尔德认为新石器时代的日本人是现在的阿伊努人的祖先，德国病理学家贝尔兹主张阿伊努人和冲绳人是相同的。解剖学家小金井良精于1888至1889年对北海道进行调查后得出结论，绳文人是阿伊努人的祖先集团，后来被本土的日本人集团所取代。20世纪30年代后，主流观点认为绳文人是现代日本人的直接祖先集团，但由于与邻近集团混血而发生了形态变化。现在由东京大学植原和郎教授于1980年提出的二重构造论已经成为定论。二重构造论属于混血论的一种。在这一理论中，最早在旧石器时代移居到日本列岛的人类被认为是早期居住在东南亚的古代亚洲人集团的子孙。在追溯母系系谱的线粒体DNA的种类占比上，日本人和中国台湾以及西南诸岛的人种之间存在相似点，由此可以证明日本人是从南方移居而来的。之后从绳文时代末期到弥生时代居住在东北亚的集团，又途经朝鲜半岛渡过大海来到了日本［第二篇第2章（4）］。

以人类所有基因组为对象的核DNA分析也验证了二重结构模型。日本人的祖先可分为阿伊努人、冲绳人的祖先集团和本州人的祖先集团。但是，阿伊努人的DNA与居住在黑龙江流域和库页岛的蒙古人种尼夫赫民族具有共通性。由此，绳文人的祖先是从北方来到日本的说法具有相当的说服力。4万年前，为了追赶长毛象而移居到西伯利亚平原的人们，为了寻找温暖而向低地移动，又沿着黑龙江而下，一部分人向阿拉斯加移动。他们中的某个集团，在海平面下降的时代，很容易徒步通过库页岛南下进入日本列岛。绳文时代以前的标本和石刃等旧石器中，有很多与亚洲大陆北部文化有关的东西，如尖状器等。

以岩宿遗址为首，绳文时代以前的旧石器时代遗址在全日本有五千个以上，并在长野县野尻湖的立鼻遗址出土了距今约3万年的人类狩猎诺氏古菱齿象的遗址。这些遗址全部分布于洪积台地或内陆。虽然可能当时也有一部分集团沿海岸线生活，主要以采集鱼和贝类为生，但很可能与欧洲一样，海岸附近的遗址在绳文时代之后的海平面上升过程中被淹没了。爱知县知多半岛的先刈遗址是为数不多的样本之一。这一遗址距今9000年，属于绳文时代早期遗址，位于水下十几米处。在遗址中发现当时的人们所采集的鱼和贝类。

4　大型哺乳动物灭绝的原因

气候变动说和人类狩猎说

以猛犸为代表的大型哺乳动物的灭绝时期与末次冰期末期人类扩散到世界各地的时期基本上重合。因此，在20世纪60年代，以美国地理学者保罗·马丁（Paul Martin）为主，提出了大型哺乳动物是由于人类的肆意捕猎而灭绝的观点。与此同时，持相反意见的人认为，大型哺乳动物是由于无法适应冰期结束时的环境变化而灭绝的。到底事实真相如何呢？

在欧亚大陆的西伯利亚发现了用数百头猛犸的骨头建造而成的房子的遗址，这成为人类狩猎说的有力证据。然而，在对猛犸的骨头用放射性碳定年法进行调查后发现，这些猛犸的生存年代前后相差长达数百年，因此主流的意见认为，这些大量的猛犸骨，与其说是一次性狩猎获取的，不如说是当时的人们在猛犸死后采集而来的。

气候变动说将焦点放在干燥的平原变成湿地这一过程上。根据西伯利亚的花粉的分析结果，当时的西伯利亚是一片生长着猛犸爱食的开花草的草原，随着气候变暖，草原逐渐湿地化，变成了湖沼型苔原，即湿性草原。在末次冰期的干燥气候中，大片的草原生长着野稻、艾草等猛犸的食粮；然而在末次冰期之后，随着降水量增多，草原变成湿地，大型哺乳动物的生存空间也越来越狭小。

马丁等人主张，沿着白令陆桥来到北美大陆的克洛维斯人狩猎大型哺乳动物导致了它们的灭绝，并把这称为闪电模型。然而支持气候变动说的人指出，在克洛维斯人来到北美的平原地带时，已经有20种以上的动物灭绝了。再加上克洛维斯人的人口数量相当少，猎人的数量不足以引起大型哺乳动物的灭绝，并且在这一时期发现的化石中，被箭矢刺伤的猛犸化石也很少。当时的人或许曾经狩猎过猛犸，但是对于一个克洛维斯人来说，这样的事情也许一辈子就能做一两次。在北美大陆，作为与猛犸一样的优良食肉来源，野牛和野鹿却生存至今，这些哺乳动物也同样很容易狩猎。由此可知，猛犸灭绝的主要原因并不是人类的狩猎。因此气候变动说被大多数考古学者所赞同。

另外，古气候学者中赞成人类狩猎说的人也不少。他们主要的立论点在于从100万年的时间轴来看，末次冰期末期的温暖化并不十分剧烈。猛犸在地球上繁衍生息了400万年，而距今2万到1万年的气候变化并非特别极端，那么除气候变化之外一定还有其他的原因导致了猛犸的灭绝。

在澳大利亚，体重从四五十千克到100千克的19种大型哺乳动物中，16种都在距今5.1万至4万年左右灭绝了，这一时期正好是人类来到大洋洲大陆的时期。尽管气候变动说的支持者以末次冰期时大洋洲大陆沙漠化不断加重为由反对这一观点，但是人类狩猎说也有一定的道理。

针对北美大陆克洛维斯人的人口过少，不会因狩猎导致大量分布的大型哺乳动物灭绝这一说法，也有相反的论调。以猛犸为首的大型哺乳动物的繁殖率较低，一年之间只能增加2%到3%的个体。通过电脑计算可以模拟得知，在人类所带来的狩猎压力下，这些大型哺乳动物的个体数锐减，仅在数百年间就有可能走向灭绝。也就是说，即使没有一次性灭绝，只要狩猎数量超过了繁殖率，这些动物也会在比较短的时期内走向灭绝。

在东西伯利亚远洋的弗兰格尔岛，在7000到4000年前这一阶段的初期，岛上还生存着一种猛犸。由于存在岛屿矮小化（在离岛上生存的大型动物会变小的现象），这种猛犸被称为矮人猛犸。虽然这种猛犸最终还是由于原住民的狩猎而灭绝了，但是其存在成为仅凭环境因素不足以导致猛犸灭绝的证据。

遗憾的是日本也不例外。在本州，2.7万年前棕熊灭绝，

1.8 万年前诺氏古菱齿象灭绝，1.4 万年前日本古田鼠灭绝，1.2 万年前日本古鹿和矢部氏巨角鹿都灭绝了。

灭绝争论的背景

人们围绕大型哺乳动物灭绝的原因展开激烈争论，甚至引发混乱。其原因在于人们不愿意相信自己的祖先是杀戮者。这一心理已经超越自然科学的范畴，而与"人类的天性是什么"这一社会思想密切相关。

近代思想认为人类本身是淳朴的，可随着文明的发展，人类道德败坏，人性受到污染。卢梭认为社会和制度毒化了人类，宣扬"回到自然"，以恢复人类原本的姿态。现在还有很多人宣扬生活在大自然中的人类是淳朴的，拥有构建可循环型社会的智慧。按照这一思想，在遥远的远古，人类的祖先不可能做出使大型哺乳动物灭绝如此残忍的事情来。

可实际上，我们的祖先作为一种生物，为了生存任何事情都可能做得出来。在人类和动物长时间近距离生存的非洲，灭绝率并没有出现大的变化。然而在西伯利亚、南北美洲大陆和大洋洲等人类突然出现并选择遵循动物的行为模式而行动的地方，那些在人类出现前基本上没有任何天敌的大型哺乳动物的命运就变得不同了。

第 2 章
末次冰期的终结和新仙女木事件

末次冰期结束后地球逐渐变得温暖。然而，温暖化的进程是不是像由冬到春一样缓慢而单向地转变呢？随着自然环境的好转，人类是不是迈出了繁荣的第一步呢？

在第 2 章将会讨论：

● 温暖化在世界各地以怎样的形式展现？在自然环境的变化中人类的生活是怎样变化的？

● 从末次冰期到温暖时代的变化并不是平缓进行的。从约 1.29 万年前开始，有一个被叫作新仙女木事件的长达 1300 年的区间，其间气候急剧寒冷化。这一寒冷化的机制是什么？

● 人类开始农耕的年代有可能正好是新仙女木事件的年代。是什么促使了农业的起步？

从冰期转变为间冰期，给人类带来的并不全是好处。相反，在变化剧烈的气候中，人类不得不从根本上改变生活方式。

1 温暖时代的开始

冰盖融化、海平面上升

在以 1.7 万年前为中心的最后一次海因里希事件显示出寒冷倾向之后，气候逐渐变暖。随着气温上升，陆地上的万年雪、万年冰开始融化，海平面也随之上升。1.6 万到 1.25 万年前左右，海面水位一年间的最大上升幅度约为 15 毫米。图 1-6 的 A 图显示了 12 万年来海平面的变动。海面水位在冰期和间冰期之间周期性地上下变动，其幅度高达 130 米。这是由于在地球整体水量未发生变化的情况下，水在寒冷的时代以冰雪的形态被保存在大陆上，而气候一旦回暖，冰雪又重新融化成水回流到海洋的缘故。

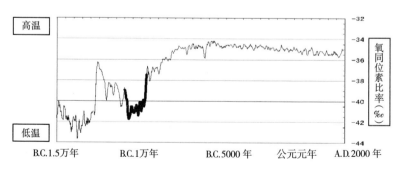

图 1-5　末次冰期的终结和新仙女木期

资料来源：Greenland Ice Core Chronology(GICC05)

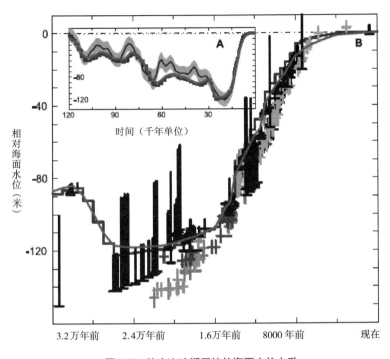

图 1-6　从末次冰期开始的海面水位上升

资料来源：IPCC 第 4 次评价报告书 Figure 6.8

　　A 图的左端是 12 万年前的艾木间冰期，格陵兰岛中部的
气温从冰芯中所含氧同位素比率推测，比现在高 4 摄氏度左右。
北半球的平均气温也比现在高约 2 摄氏度。在莱茵河沿岸的德
国北部栖息着河马和水牛。7 月的平均气温在 18 摄氏度以上，
冬天也没有霜降，因此大型哺乳类动物得以在水边生活。有广
阔的草原和森林，落叶林中有鹿、野猪，还有现在已经灭绝的
诺氏古菱齿象的亚属、斑马、驴、犀牛。格陵兰岛的冰盖在内

陆以外的地方融化，因此海平面比现在高 5 米左右。在日本神奈川县西部等地也留有这个时代海进的痕迹，被命名为下末吉海进。

11 万年前气候寒冷化，冰雪不断堆积起来，原本在海洋中的水被储藏在了陆地上，导致海面水位逐渐下沉。2.2 万到 2 万年前之间是海面水位最低的时期，这段时期全球的陆地冰雪据估计有 8400 万到 9800 万立方千米，现在陆地上残留的冰雪约有 3000 万立方千米，相当于海面水位升高了 130 米。

北半球从 1.47 万至 1.41 万年前期间的波令期开始气温上升，到 1.39 万至 1.29 万年前期间的阿勒罗德温暖期进一步升高。"波令"和"阿勒罗德"这两个名字取自证明当时气候温暖化的花粉被采集到的地方。这两个地方都在丹麦，"波令"取自波令湖，"阿勒罗德"则是哥本哈根附近的一个小村庄。

波令期内海面水位急速上升，其变化速度相比海面水位缓慢下降的冰期初期要快得多。这是由于在气温下降降雪量增加时冰床面积是一点点扩大的，而气温上升时长年积蓄的万年雪和万年冰却以很快的速度融化。

在波令期中，北半球的巨大冰盖面积并没有缩小。然而通过分析爱尔兰西南远洋的海底沉积物发现，在 1.7 万年前之后，冰河侵蚀带来的含沙量增加，并且有孔虫等海洋微生物减少，由此可以推测出冰盖融化的雪水流入了北大西洋。冰床面积虽然没有减小，但是其厚度确实变薄了。

欧洲大陆的生活变化

比利牛斯山脉法国一侧海拔 710 米的泥炭层曾经是湖泊。有一篇论文根据从这个地层采集的花粉和摇蚊[①] 的量，推算出了夏季平均气温的变化。1.5 万年前的气温为 10~13 摄氏度，经过波令期和阿勒罗德期，气温上升到 16~17.5 摄氏度。

纵观当时法国西南部的地层，可以看出蒿类和禾本科植物的草原因气温升高而减少，杜松、柏科杜松增多，草原变成了茂密的森林。与此同时，驯鹿大约 1.4 万年前在比利牛斯山脉的近郊消失了。因此，生活在欧洲西部以草食性大型哺乳动物为食的人类，不得不改变生活方式成为杂食性生物。他们开始用弓箭和陷阱捕捉小动物，脂肪较多的河狸尾巴深受欢迎。除此之外，人们还捕捉鸟和鱼，甚至沿海地区开始食用软体动物。

对于现代人来说，动物脂肪是减肥的大敌，然而在饱食时代来临之前，脂肪却由于营养价值高、易于保存而被当作非常重要的食物。大多数人类之所以一过量摄取就会立刻变得肥胖，是因为身体中堆积的脂肪可以让人体更积极地积蓄营养以便适应寒冷的时代。人类在寒冷的时代为了防止饥荒，进化出只要进食稍多就会在身体的某些部位储藏脂肪的机制。美国遗传学家詹姆斯·尼尔（James Neill）将这一机制称为节约型基因。

———————————

[①]　双翅目摇蚊科，耐受性极强的水生昆虫，在各类水体中均有广泛分布。

人类开始在森林中定居之后，洞窟壁画艺术就遗失了。从一边御寒一边狩猎大型哺乳动物的时代过渡到通过身边的环境来保障粮食的时代，这一变化给当时人们的精神状态也带来了影响。

2 突如其来的回寒：新仙女木事件

地层花粉所显示的三次气温低下

20 世纪 30 年代，哥本哈根大学的植物学教授克努特·耶森（Knut Jesson）在调查北欧和爱尔兰的湖底以及沼地沉积物时发现，在斯堪的纳维亚的湿地，仙女木的花粉反复出现在几层地层当中。仙女木（Dryas Octopetala）是在苔原地带和森林线以上的高山地带开花的蔷薇科植物，日本有一种这种高山植物的变种分布在本州，8 月时在北海道的利尻岛等气温较低的地带可以看到惹人怜爱的仙女木的白色花朵。

由于仙女木在寒冷干燥地区开放，因此耶森推测当时曾经出现了好几次极端严寒干燥的时期。这些寒冷的时期按照先后顺序被命名为老仙女木、中仙女木和新仙女木。但在耶森的时代，对于造成这些仙女木花粉大量分布的寒冷化的原因根本无人知晓。

第二次世界大战后，在分析泥炭等沉积物中的花粉以及年轮时，开始用放射性碳定年法进行测定。耶森所发现的寒冷期的时间被精准定位，其中老仙女木期是在 1.8 万到 1.5 万年

前，中仙女木期是 1.4 万年前开始的其后的 300 年间，新仙女
木期是 1.29 万年前开始的约 1300 年间。在南极和中国南海也
发现了老仙女木期寒冷化的证据，欧洲大陆在当时与末次盛冰
期一样大部分地区都变回了苔原地形。其后的中仙女木期规模
较小，时间较短，影响范围也仅限于欧洲等地。

从北半球的北美五大湖之一的安大略湖和德国南部的湖沼
沉积芯中发现了最后发生的新仙女木期的证据，其后又在南美
的委内瑞拉远洋海底沉积芯和巴塔戈尼亚冰盖中发现了气温低
下的证据。这些证据可以说明，新仙女木事件是在全球范围内
发生的寒冷化事件。

从格陵兰中部的气温分析来看，波令期和阿勒罗德期的最
高温时代与新仙女木时期相比，从零下 31.7 摄氏度下降到零下
50.13 摄氏度，最高温下降了 18 摄氏度以上。根据甲虫化石的
地域分布，不列颠岛的年平均气温下降了大约 5 摄氏度，欧洲
大陆的气候也发生了剧变。荷兰的马斯河流域在新仙女木时期
洪水泛滥，年平均气温从零下 2 摄氏度下降到零下 5 摄氏度，
森林面积减少，草原面积扩大，比利牛斯山脉法国一侧的年平
均气温下降了 1 摄氏度。

冰川理论的创始者：路易·阿加西

引发了全球范围的寒冷化的新仙女木事件，其发生机制到

底是什么呢？

在末次冰期中覆盖了北美大陆东北部的巨大的劳伦冰盖和在它西边的科迪勒拉冰盖所积蓄的万年冰、万年雪在波令期之后的温暖化中逐渐融解。随着巨大冰盖的融解，在劳伦冰盖的南端，从五大湖的西侧到加拿大和美国的交界处形成了巨大的融水湖。这一融水湖被命名为阿加西湖，取自瑞士出身的考古学家路易·阿加西（Louis Agassiz）的名字。

阿加西作为先行者，是最早提出冰河理论的学者。阿尔卑斯山脉和侏罗山脉山脚下巨大的漂砾的砾岩到底是怎么形成的呢？欧洲北部的陆地一度被冰床覆盖这一想法，最早是在1795年由苏格兰地质学者詹姆士·哈顿（James Hutton）提出的。到19世纪20年代，夏彭蒂耶（Charpentier）等人提出冰川在反复前进和后退活动中搬运岩石的说法。然而大部分学者对此表示否定，当时的人们认为这些岩石如《圣经》所说是由大洪水带来的。

阿加西1807年出生于瑞士，在德国的大学学习医学，25岁时回到故乡。他一边在高中执教，一边担任博物馆馆长一职。在山村长大的阿加西每天在侏罗山脉往来行走搜集鱼的化石等。他于1834年所写的有关化石的著作受到好评，伦敦地质学会对他进行了表彰，巩固了他作为考古学者的地位。

1837年的瑞士自然科学学会的年度总会在阿加西居住的纳沙泰尔召开。7月23日，学会前夜，阿加西的脑海中浮现在前一年的调查中发现花岗岩在山岳地带移动到了100多米以下的低地的事情。由此他开始确信从欧洲到里海的北亚全部地区都曾被"冰的海洋"所覆盖这一假说。第二天，他在做了与自己专业相关的鱼类化石的演讲之后，利用演讲的最后几分钟提到，欧洲到地中海的地区过去都曾经被冰川覆盖。这就是世界闻名的纳沙泰尔演说。

阿加西随即带领地质学者调查位于瑞士侏罗山脉的冰河河谷，从巨大冰河切割残留的冰堆石中找寻过去冰河从这里流过的证据。他以惊人的精力投入到了研究活动当中，被称为"人肉机器"。从苏格兰的布拉克菲尔德到新斯科舍，他不断发现冰河存在的证据。阿加西于 1840 年出版了《冰河研究》，在书中他第一次用到了"冰河期"一词。由此阿加西革命性的冰河理论得到了学会的认可。

阿加西于 1848 年以哈佛大学研究员的身份移居美国，继续调查北美大陆残留的冰河时代的痕迹。作为其移居美国之后的研究成果之一，他于 1879 年发表了有关巨大融水湖的论文。虽然在 1823 年威廉·基廷（William Keating）就通过地形调查等发现了在五大湖的西边曾经有巨大的湖泊存在，然而阿加西进一步将湖的形成原因与末次冰期积雪融解联系了起来。由于这一研究成果，阿加西死后融水湖被冠以他的名字。

阿加西湖的泛滥

在 1.3 万年前，阿加西湖的面积比现在的五大湖加起来还大，有44万平方千米，超过现代的里海（37万平方千米），基本上与伊拉克的面积一样大。由于在寒冷湖面的上空终年有高气压所形成的冷风流出外缘，导致从南部流入的暖空气被阻断，所以阿加西湖所在的地区降水量很少。湖水则沿着密西西比河流入墨西哥湾。

劳伦冰盖和科迪勒拉冰盖两个巨大的冰盖持续融解导致阿加西湖的出水量常年增加，最后超出了自然形成的大坝所能承受的极限而决堤。决堤一共发生了三次，分别是在1.29万年前、1.13万年前和8200年前。最早的一次发生在新仙女木期前不久，被称为新仙女木事件。

在1.29万年前的最早的一次决堤时，9500立方千米的阿加西湖湖水除了从密西西比河流到墨西哥湾之外，还有另外两条路径。一条是经过圣劳伦斯河经过现在的五大湖进入大西洋，另外一条从麦肯锡溪谷进入北冰洋（图1-7）。通过检验密西西比河河口附近的海底沉积物中的氧同位素发现，在1.6万年前以后 ^{18}O 的比率降低，这一现象显示在冰期中积蓄起来的劳伦冰盖的冰雪融化了，变成冰冷的河水流进了大海。然而，在某一特定时期 ^{18}O 的比率再次上升了。由此可以推测在这一时期，冰雪融水流入了其他海域。

阿加西湖的淡水流入靠近北极的北大西洋高纬度地区，对地球整体的气候产生了巨大的影响。首先，北大西洋的海水盐度下降，造成海冰面积扩大，这是因为盐度越低海水就越

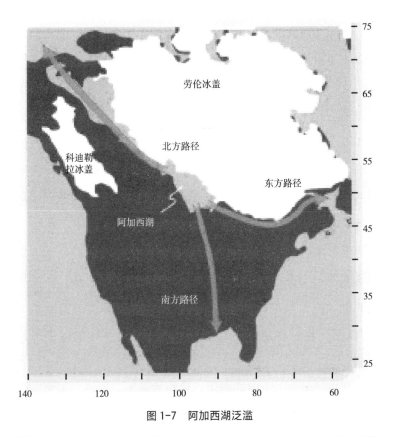

图1-7 阿加西湖泛滥

资料来源：Wallace Broecker "Was the Younger Dryas Triggered by a Flood?" (2006) Science vol.312

容易结冻。从鄂霍次克海漂到北海道网走市的流冰被公认是全世界纬度最低的。这是由于黑龙江等亚洲大陆的大河中盐度较低的河水流入鄂霍次克海，再加上千岛群岛阻止了这些盐度较低的海水与太平洋的海水混合，因此造成这个海域的盐度较低。

从阿加西湖流出的淡水导致北大西洋盐度降低，北大西洋的海冰面积扩大。这一结果又更进一步引起全球的寒冷化。

这一机制与反照率有关。所谓反照率是衡量太阳辐射反射比率的指标。地球整体的反照率是 0.3，也就是说太阳辐射的 30% 被反射了回去。根据具体地理位置的不同，这一数值有很大差异。不管陆地还是海面，地球表面越白的地方就越容易将太阳辐射反射回去（反照率大），颜色越深的地方则越容易吸收太阳辐射并在地球中积蓄热能（反照率小）。冰雪表面的反射率高达 75% 到 85% 以上，尤其是新雪的反射率更是高达 95%。与此相对，森林地带的反射率约为 15%，沙漠为30% 到 45%。从中纬度地区到两极地区的海面的反射率则在8% 以下，在这些地区，太阳能的九成以上都被留在了地球内部。

因此，如果海面变成海冰，反照率将大大提高，太阳光被反射造成地球所吸收的太阳热量减少，气候就会开始寒冷化。一旦开始寒冷化，海冰和积雪的面积就将进一步增加，反照率继续增加，就会引发寒冷化的连锁反应。从寒冷化会引发进一步的寒冷化这个角度来说，这是一种正向反馈，因此又被称为冰反照率反馈。相反，如果由于温暖化引起海冰面积减少，反照率降低，地球表面则会吸收更多的太阳辐射进一步增加温暖化程度，这也是一种正反馈。

针对新仙女木期的寒冷化，除了海冰面积增加引起的正反馈

以外，还有另外一个原因是北大西洋洋流停止，这一假说也相当
有说服力。

北大西洋洋流和温盐环流

伦敦和巴黎等欧洲西部的都市虽然与日本的札幌纬度基本
上一样，这些城市在冬季却很少遭遇暴雪的袭击。这是因为从
墨西哥湾有温暖的洋流流入北大西洋，给北极方向带来了热量
（暖空气）。这一北大西洋洋流相当强劲，其推力约为亚马孙河
的 100 倍，从亚热带地区传送而来的热量相当于挪威海域从太
阳接收的热量的 30%。

那么，给欧洲带来温暖气候的北大西洋洋流是以什么样的
机制向北极方向流动的呢？一般的洋流都是由于风的摩擦朝与
风向相同的方向流动（风成循环）而形成的。在大西洋的中纬
度上空，从北美大陆到欧洲大陆有偏西风吹拂，海流比较容易
从大西洋西部的低纬度一方向东北方向的欧洲高纬度前进。但
是，仅靠风成循环难以说明北大西洋洋流的强劲推力。此外，
由于科氏力 ① 的作用，洋流在到达欧洲西岸之后应该沿着顺时

---

① 科里奥利力（Coriolis force，简称科氏力）是对旋转体系中进行直线运动的质点由于惯性
相对于旋转体系产生的直线运动的偏移的一种描述。当一个质点相对于惯性系做直线运
动时，相对于旋转体系，其轨迹是一条曲线。立足于旋转体系，可以认为有一个力驱使
质点运动轨迹形成曲线，这个力就是科里奥利力。

针方向南下流往赤道才对，然而实际上在西班牙远洋向北方前进的洋流，在力量上还是占了上风。

之所以北大西洋洋流会向东北方向前进，是由于在格陵兰岛和冰岛的远洋地区，靠近海面的海水沉入海底，好像水落入排水口一样吸引着从墨西哥湾过来的温暖海水。

海面附近的海水会沉入海底的海域非常少，全世界的海域中除了从格陵兰岛到冰岛的远洋区域以外，只有南极的威德尔海域和罗斯海存在类似现象。就如同热水桶中的水一样，比重较大的东西会沉入到底部，比重较小的东西则会漂浮在上层。海洋也是一样，通常来说水温较低的海水会沉在海底，而温暖的海水则会漂浮在海面附近。海水一旦形成了稳定的分层，基本上层和下层之间就不会再混合。引起台风的强风会搅乱海面的海水和其下方水温不同的海水，因此在台风通过后海面水温通常会下降两三摄氏度，但是这也仅限于从海面到其下十几米的深度。要让上层的海水沉入到海底需要其他的机制，这一机制就是温盐环流。

海水温度和盐度的微妙平衡

温盐环流理论认为决定海水比重的是水温和盐度，两者的微妙平衡决定了洋流的方向。水温 0 摄氏度、盐度 3.25% 的海水与水温 14.5 摄氏度、盐度 3.5% 的海水，以及水温 23 摄氏度、盐度为 3.75% 的海水比重是一样的。这是由于温暖的海水会发生膨胀导致比重降低。然而，盐度的微弱差异也相当重要，当平衡被打破时海流就会向相反方向行进。

在正常的北大西洋温盐环流中，亚热带地区的水分蒸发导致海面附近的海水盐度升高，这些海水在偏西风的风成循环作用下向东北方向的冰岛附近流动。这些来自亚热带地区的海水到达大西洋北部后被冷却，这些冷却后的海水由于比这些海域的海水比重更大，因此沉往海底。沉下去的海水沿着海底移动，成为世界海洋的海底循环。

在格陵兰岛远洋海域沉降的海水作为北大西洋深层水通过南美远洋海域流到南极，在撞到南极大陆之后转道往东，经过印度洋到达太平洋。这一洋流被称为深层洋流，其循环周期为2000年。从北大西洋的纵断面来看，海面附近的上层海水向北极流动，与此同时下层深海的海水却从北极向赤道移动并进一步到达南极。这就是北大西洋循环。

然而，如果冰雪融化形成的河流中的淡水以及冰川大量流入高纬度海域，那么盐度较低、比重较小的淡水就会停留在北大西洋北部海域的上层，产生沿海洋表面向南滑动的洋流。造成这种洋流的力被称为淡水强制力。被暖流从赤道搬运过来的盐度较大的海水在低纬度地区遭遇由海流从北方搬运过来的又冷又轻的海水后，就会立刻沉入海底。因此北大西洋洋流无法从东北方向到达北极圈，只能在势力减弱后向东前进，流向西班牙远洋海域（图1-8）。

A） 温盐环流

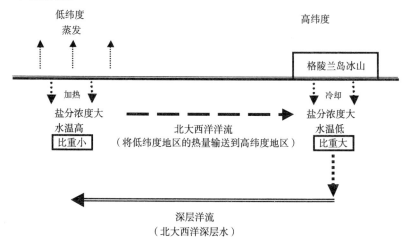

B） 淡水强制力

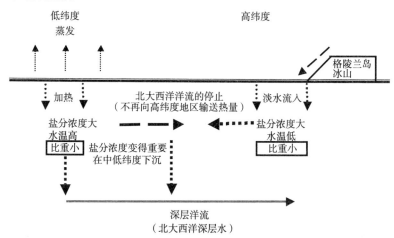

图 1-8 温盐环流和淡水强制力

　　在北太平洋常年有欧亚大陆和北美大陆西部的大河的淡水
流入，海水盐分低并且温度也低。因此不像北大西洋有从温暖

海域而来的盐度较高的海水流入，反而在这一区域形成了向北
美大陆西海岸和日本列岛前进的寒流。因此，在白令海等海域
会有下层的冰冷海水涌上。大西洋北部的海水温暖、盐度高，
而太平洋北部的海水寒冷且盐度低。两者形成了鲜明的对比。

与新仙女木事件有关的假说

在末次冰期，从墨西哥湾到格陵兰岛远洋的北大西洋洋流
的势力只有现在的三分之二。在当时，斯堪的纳维亚冰盖和北美
的劳伦冰盖的冰雪融水流入北大西洋，削弱了北大西洋洋流的势
力。再加上发生了海因里希事件，冰山滑落流入海洋，大量的淡
水充斥着海域，淡水强制力增强，冰冷的海水阻挡了从热带地区
涌来的温暖洋流北上。随着气候变化以及冰山规模的增减，北
大西洋洋流在过去的 10 万年重复着剧烈的加速和减速过程。

新仙女木事件和海因里希事件一样，都是由气候寒冷化机
制所造成的。积蓄着冰雪融水的阿加西湖决堤，大量的淡水通
过圣劳伦斯河流入北大西洋。盐度较低、比重较轻的海水阻断
北大西洋循环生成的暖流北上，在近 1300 年的时间中，北大
西洋循环停止了。因此，墨西哥湾的暖流无法流入欧洲近海。

赤道附近地区的热能通过大气和海洋被输送到高纬度气温
较低的地区。然而，太平洋由于受寒流影响，仅有极少一部分
热能通过海水被输送到了北纬 35 度以北的区域。在北半球，通

过洋流向高纬度地区输送热量这一使命，绝大部分都被北大西洋洋流所承担。因此，新仙女木事件引起热带和高纬度地区之间热交换中断，将整个地球从平稳的气候带入了寒冷的时代。

以上内容，是以1996年获得美国国家科学奖的哥伦比亚大学教授华莱士·史密斯·布勒克（Wallace Smith Broecker）所提出的阿加西湖决堤导致北大西洋循环停止这一较为激进的假说为中心展开的。然而，近年来有一些反对这一假说的论文发表。根据布勒克的解释，新仙女木事件后北大西洋流入了大量淡水，如果事实如此，那么海水盐度应该下降，但是研究者在分析了圣劳伦斯河河口的海底沉积物后却并没有发现能支持这一说法的证据。除此之外，从阿加西湖向东直接流向大西洋的河流也没有发现大规模泛滥的现象。

阿加西湖冰冷的淡水在新仙女木时期既没有流向墨西哥湾，也没有顺着圣劳伦斯河而下，那么到底流向了哪里呢？2010年以后的研究论文提出，阿加西湖决口导致大量淡水通过北方的马更些山谷流入北冰洋。寒冷、盐分浓度低的淡水从北冰洋经过巴芬湾、拉布拉多海域向北大西洋扩散。据说这条路线也会使北大西洋海流，甚至北大西洋循环急剧减速。

另外，也有人认为，导致新仙女木期寒冷化的不仅仅是阿加西湖决堤，还有太阳活动减弱的因素。关于太阳活动的强弱，可以从年轮中的放射性碳元素和冰盖中含有的铍来推测，从这些同位素的比率来看，在1.29万年前还残留着太阳活动大幅下降的痕迹。因此，应该说寒冷化可能是综合因素造成的。关于新仙女木事件发生的原因至今仍有未解之谜。

3 农耕的开始

阿布胡赖拉遗址的九粒黑麦

从叙利亚到以色列的东地中海沿岸的黎凡特位于新月沃土[①]的西半部。从波令－阿勒罗德期开始，就有定居者在黎凡特定居，形成了纳吐夫文化（图1-9）。约旦河西岸的耶利哥

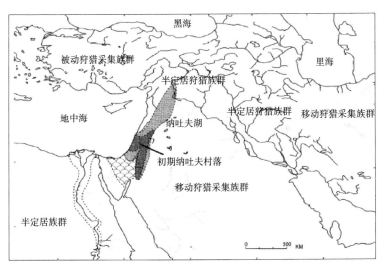

图1-9　纳吐夫的农业的开端（距今1.3万—1万年）

资料来源：Offer Bar-Yosef:「Natufician Agriculture in Levant」(1998)

[①]　又称新月沃地或肥沃月湾，是位于西亚、北非地区两河流域及附近一连串肥沃的土地。

是世界上最古老的城市，阿布胡赖拉位于耶利哥的北方、约旦河的东侧。

阿布胡赖拉遗址出土的九粒黑麦与以往的野生品种不同，长度和宽度都很大。据测定，其生长年代为1.27万年前（±120年），被认为是最古老的栽培种子，也是农业开始的证据。关于黑麦最初被栽培的理由，有人认为是其与野生小麦等相比更容易脱粒和筛选。

为什么要开始农业？2.3万年前的Ohalo Ⅱ遗址中居民以狩猎和采集为生，在同一遗址中发现当时的人们已经开始储藏野生的种子和果实。但是，从储藏食物到开始农业前后相隔万年之久，可以想象栽培农作物的动机并不是简简单单就形成的。对于狩猎采集族群来说，农业是相当麻烦的工作。这一预想可以从生活在非洲南部卡拉哈里沙漠的柯伊桑族人的生活方式中得到验证。

柯伊桑族人虽然至今还进行着狩猎采集的活动，但平均每周只需要工作两天半。除了旱季以外，他们平均一天只需跑不到10公里，在族群中约四成的人完全不需要进行与调配食粮有关的工作。柯伊桑族人每10个人中就有1个超过60岁的老人作为长老受众人敬仰，女性在20岁之前，男性在25岁之前都没有收集粮食的义务。有人试图将农业教授给他们，他们的回答却是："曼杰提树（蒙刚果）的果实吃都吃不完，为什么还要费神去种植物？"

　　1.3 万年前，在从伊朗西南部到伊拉克北部与土耳其交界的扎格罗斯山脉周边的高地，很容易摘到热量很高的板栗。研究结果显示，采集板栗所需要耗费的体力与收获小麦和大麦所需的体力相比，前者约为后者的十分之一。从这个意义上来说，以狩猎采集为生的人们在肥沃的新月地带开始农业，是需要足够的动机的。

契机是什么

　　一般认为，人类开始农业的契机有人口增加和气候变动两个原因。在末次冰期结束，地球经历了老仙女木期、中仙女木期寒冷期以及阿勒罗德温暖期之后，世界人口的总数急剧增加。据推算，欧洲的人口从 2.3 万年前的约 13 万人增长到 1.3 万年前的约 41 万人。通过狩猎采集，一个人或两个人要生存下去，即使在相当丰富的自然环境下，也需要大约 1 平方公里的土地，平均来说需要 10 平方公里的土地。如果按照这一尺度，地球已经被人类填满了。

　　就在人口激增并接近狩猎采集生活所能承受的极限的时候，新仙女木事件所带来的寒冷气候到来了。在新仙女木期中，斯堪的纳维亚冰盖再次扩大，与其接近的欧洲北部中部气温急速降低。并且在冰雪覆盖的大地上空，出现了寒冷空气所形成的高气压。由于空气会从高气压向外围扩散，因此亚洲西南部开始吹寒冷干燥的东北风，使得黎凡特地区长期处于寒冷气候之中。这种气候剧变导致自然环境的变化，使得在森林中采集野生谷物、坚果和水果变得困难，这被认为是农业开始的另一个理由。

在新仙女木时期的严酷环境中，阿布胡赖拉的人们不得不开展农业。但是，对于这种简单易懂的发展过程也有人提出了质疑。在新仙女木时期的阿布胡赖拉遗址中发现的栽培品种黑麦只有九粒，并没有大量出土。栽培品种的剧增是在新仙女木期结束，进入温暖时期之后这一阶段。近年来的设想是，在新仙女木时期，由于耶利哥周围气候寒冷，狩猎采集生活变得困难，人们移居到野生物种丰富的阿布胡赖拉。而且进入温暖时代后，受到人口增长的压力，人类在移居地开始正式发展农业。在这个时候，耶利哥时代发展起来的艺术、建筑以及野生物种的利用等技术革新被利用了起来。

为什么农业的发祥地是新月沃土

那么，为什么农业的发祥地是从黎凡特到美索不达米亚北部的新月沃土呢？新仙女木事件所引起的寒冷化、干燥化席卷了全球，为什么农耕却是在亚洲西南部开始的呢？在获得普利策奖的名著《枪炮、病菌与钢铁》一书中，贾雷德·戴蒙德（Jared Diamond）对此进行了回答。

适合农耕的农作物的野生种，非常偶然地密集生长在新月沃土。全世界有 20 万种植物，其中适合食用的仅有 2000 到 3000 种。其中只有 200 到 300 种植物是曾经被人类试图驯化的。从植物的大小和种子的关系上考虑，一年生的草本植物的种子越大就越有利于子孙的繁衍，多年生的树木则更加倾向于将能量用于树干和枝叶的生长上。因此在选择适宜栽种的植物时，首先范围就可以限定在植株矮小、果实较大的一年生草本植物上。从地球范围来看，会结出较为沉重的果实的植物的原种约有 56 种，这些植物都可以成为驯化的有力候补，当中的三分之二都生长在欧亚大陆西部的地中海和中近东地区。进一步进行区分就会发现，在新月沃土以外，亚洲东部仅有 6 种，澳大利亚和南美大陆仅 2 种。并且植株矮小、果实沉重，以及适宜人类栽种的谷物原种在新月沃土和中国以外的地区基本上没有。

然而，并不是所有农作物的原种都是从新月沃土而来的。世界各国虽然开始时间略晚，但都分别开始了农耕的尝试。墨西哥在 1 万年前就开始栽培南瓜属植物和鳄梨，8700 年前在特瓦坎山谷将野生的玉蜀黍栽培为玉米。7500 年前的玉米果实只有 3 厘米大小，经过不断的品种改良，500 年前的果实大小已经和现在差不多了。玉米的栽培从墨西哥的高地扩散到了南北美洲大陆。

在中国南部，最晚距今 8600 年时就开始种植水稻，北方在距今 6000 年时开始种植黍。以往认为水稻的原产地是云南,这是由于苏联的遗传学家瓦维洛夫的假说认为,存在多种品种的地方即为原产地所在。近些年的研究结果显示,水稻的栽培是在长江中下游地区开始的,最早的水田遗址属于距今 6500年的汤家岗文化。

研究发现,长江流域存在多年生的水稻原种,还有到秋天也不会结实的品种,因此有一部分学说认为,水稻是为了应对自然环境的压力才产生了种子繁殖上的变化。

美索不达米亚北部也栽培水稻,然而对水稻进行大规模栽培的还是在亚洲东南部。水稻在新月沃土被忽视的原因在于与大麦等麦系谷物相比,大米所含有的植物性蛋白质要少很多。对人类来说,光种植大米无法提供充足的营养,要普及大米栽培,需要其他含有蛋白质的动植物食粮的配合。

有趣的是,在世界上最早开始农业的三个地区,即新月沃土、中美洲高地和中国长江流域,烹饪作为一个主要的范畴一直延续到了现代,即地中海料理、墨西哥料理、中华料理。

动物什么时候开始变成家畜

动物的家畜化也经历了与农业相同的过程。从森林采集的果实和水果减少后,人类就更加依赖对瞪羚的狩猎。从遗迹中残存的瞪羚乳齿来看,在新仙女木时期以前,被狩猎的瞪羚为

4月到5月出生超过一岁的居多，正好是新生儿出生的时期，这样可以维持瞪羚的数量。但是，在寒冷的天气中到处都是包围瞪羚的陷阱，导致瞪羚的数量急剧减少。虽然波斯瞪羚现在还栖息在戈壁沙漠以及伊朗、阿塞拜疆、巴基斯坦等地区，但它已成为濒临灭绝的极危物种。

由于大量狩猎，瞪羚的数量减少，为了填补动物性食粮的不足，人类开始尝试饲养其他动物。没有选择野生瞪羚而选择山羊和绵羊的原因，与人类选择农作物原种的原因一样，是由于适宜驯化的动物种类实际上非常少。全世界45公斤以上的哺乳类动物约有148种，其中只有14种被驯化。其他的哺乳类动物都由于脾气暴烈或是可食用部分太少等不宜被驯化。在这14种中又有9种是在美索不达米亚北部被成功驯化的，其中包括山羊、绵羊、猪和牛这四大家畜。在非洲的人类曾数次试图人工繁殖斑马，最后均以失败告终。

在南美大陆成功驯化的动物仅有美洲驼和其近亲羊驼。这两种家畜的原种都是栖息在高地草原的动物。家畜不仅可以搬运货物，在农业收成不好的时候还是重要的粮食储备，因此南美大陆的原住民在选择生活地点时会优先考虑家畜因素而将居住地选在高地。正因如此，现在南美大陆太平洋一侧的主要都市大部分标高都在3000米以上。

虽然外形上与山羊和牛等大型哺乳动物不同，狗却是人类最早驯化的动物。通过最新的DNA分析得知，狗是由狼驯化而来的，其驯化的时间大约是在 1.5 万年前。狗在被驯化以后迅速普及，穿越西伯利亚的亚洲人类当时也带着狗。然而，在距今 3 万到 2 万年之间的遗址当中也发现了像狼但是体型要小很多的动物骨骸，当时人类饲养的可能是与现存狗类不同的品种。被发现的骨骸头部被切断，大脑被取出，很可能是因为被食用所致。

被驯化的动物绝大部分是草食性动物。其原因在于要驯化肉食性动物，就必须捕捉其他动物作为其饲料，事倍功半。猫的驯化时间与储藏农作物的仓库的出现时间一致，很可能是因为人类为了防止老鼠偷吃谷物而开始饲养猫。最早被驯化的猫的骨骸是在塞浦路斯的一处距今 9500 年的遗迹中与埋葬的人骨一起出土的。

中国水稻化石的发现及其意义

重新回到农业发祥的话题，作为新的学说，有调查报告称中国的玉蟾岩遗址，从早于新仙女木期的 1.39 万年前的沉积物中发现了水稻花粉的化石。这些化石最早出现于 1.39 万年前的地层中，并消失于进入新仙女木期后 1.3 万至 1 万年前期间的地层中。

根据这一研究成果，可以判断在新仙女木寒冷期的严酷环境中，人类曾经被迫放弃了水稻栽培。

这一结论不但可能更改农业开始的年代，更加暗示了农业发展所需要的环境条件。农业开始的原因是人口的增加和气候的变化。但是农业要普及，持续、稳定的温暖气候十分重要。在新仙女木事件之后也曾出现过两次较短暂的寒冷化。如果在这两次寒冷化过程中也发生过剧烈的寒冷和干燥化，那么农业很可能经历了从零开始的反复。

第 3 章
"漫长夏季"的到来

新仙女木期结束后，温暖的时代到来了。当下的一大全球性问题，就是前所未有的地球温暖化。然而温暖的时代在距今8000到5000年时就曾经发生过。当时与现代，哪一个更加温暖？关于这一问题的答案研究者之间有不同的观点。

在第3章我们将会探讨：

● 为什么在新仙女木期之后的8000年里出现了长时间的温暖时代？随着气温的上升，陆地上的景象发生了怎样的变化？

● 日本的气候也发生了剧烈的变化，"丰苇原的瑞穗之国"诞生。气候变化，地貌改变的原因是什么？

● 世界各地都在流传洪水传说。诺亚的洪水真的存在吗？农业传播到世界各地，气候的变动终于要开启古代文明的大门了。

1 温暖时代的到来

两次短暂的寒冷化和海平面的上升

新仙女木事件带来的寒冷气候持续了约 1300 年，之后在 1.15 万年前北大西洋洋流复活了。欧洲北部和格陵兰岛再次开始急速温暖化，格陵兰中部在新仙女木末期的 80 年间，气温从零下 44.3 摄氏度上升到零下 36.6 摄氏度，上升了近 8 摄氏度。新仙女木期之后的气候，即前北方期和北方后冰期，气温呈上升趋势。

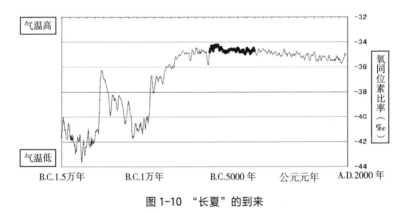

图 1-10 "长夏"的到来

资料来源：Greenland Ice Core Chronology 2005 (GICC05)

在向温暖时期过渡的过程中，也有过短暂的寒冷化时期。在上一章也曾经提到，阿加西湖一共发生过三次决堤。除了最早发生的新仙女木事件之外，1.13 万年前和 8200 年前的湖水泛滥也引发了寒冷化。只不过这两次寒冷化的规模较小，时间也比较短暂。这两次寒冷化分别被称为"前北方振荡"和"8200年前事件"。前北方振荡给阿加西湖带来了9300立方千米的淡水，并且格陵兰中部在150至250年间出现了两次寒冷化。在8200年前事件中，大约16.3万立方千米的淡水流入北大西洋，长达200年左右的寒冷化在世界各地留下了痕迹。格陵兰中部气温下降约2摄氏度，爱琴海和阿拉伯半岛的阿曼也出现寒冷化的痕迹。另外，东亚和巴基斯坦的季风势头明显减弱，委内瑞拉卡里亚科湾的信风也减弱了。

此时，海平面也从1.2米上升到了1.4米。由斯堪的纳维亚冰盖的雪融水形成的波罗的海在此之前是淡水湖，通过丹麦海峡与北海相连。另外，还有一种假说被提出，即大约在8100年前，由于发生了巨大的海啸，连接丹麦和不列颠岛的多格兰被水淹没，不列颠岛离开了欧洲大陆。

全新世气候最适宜期

8200年前事件是末次冰期的遗产——阿加西湖造成的最后一次寒冷化，在其之后地球就进入了气候长期温暖安定的时代。这一温暖期从5500年前持续到3000年前左右，在气候年代上归属于大西洋期，被称为全新世气候最适宜期（HCO：Holocene Climate Optimum），或最适宜温暖期、最暖期。全新世是指继 180 万年前开始的更新世之后，即 1.17 万年前至今的时期，以前也曾被称为冲积世。

据推测当时北半球中纬度的年平均气温比 20 世纪后半期高 2 摄氏度左右。不列颠岛山岳地带的林线比现在高 200 到 300 米，松树的北边线向北极延伸了 80 公里。对从青藏高原中部开采的冰芯进行氧同位素分析发现，8000 年前以后，年平均气温和夏季气温分别上升了 2 摄氏度。根据在西太平洋大堡礁开采的珊瑚礁化石的氧同位素得出，5350 年前以前的海面水温是 27 摄氏度，比 20 世纪 90 年代高出 1.2 摄氏度。

2 导致气候变化的地球轨道变化

温暖化的原因是什么

全新世的气温最适宜期和当代的地球温暖化相比，哪个时期的地球平均气温更高呢？按照政府间气候变化专门委员会（以下简称 IPCC）第四次评估报告，对古代气候的推定不同地区因气候不同而有所差异，但是该报告认为，全新世气候最适宜期的平均气温与 20 世纪的平均气温大致相同，而比 20 世纪后半期气温上升期的平均气温略低。

在历史上众多的温暖时代中，全新世气候最适宜期与其他的温暖时代相比，其特征与其说是绝对意义上的高温，不如说是其长达 3000 年的时间跨度。究竟是怎样的气候机制导致被称为"最适宜"的温暖气候长时间在北半球维持,并进一步扩展到全球的呢?有观点认为其原因有二:被称为"米氏旋回"的地转参数的变化和太阳活动的活跃化。此外,北半球气温上升,冰雪面积缩小也加快了温暖化的进程。那么接下来我们就分别来看这两个原因。

地球轨道的三个要素

一般认为地球轨道年复一年都是一样的。然而从大的时间跨度来看,其形状却呈现周期性变化。主要体现在三个方面,分别是:地球的公转轨道在正圆和椭圆之间反复(离心率);地轴与公转轨道的夹角变化(地轴倾斜);地球位于近日点的时间从北半球的夏天到冬天,再从冬天到夏天反复变化(岁差运动)。

这些要素都有各自的周期。离心率的变化周期约为 10 万年,当前地球的轨道正处于接近正圆的状态。地轴倾斜变化的周期约为 4 万年,变化范围为 22.11 度到 24.55 度,现在的斜度为 23.4 度,处于正中间的位置。最后是岁差运动,可以近似地认为地轴以 2.6 万年为周期像快要倒下的陀螺一样画着圆圈。

在当前的公转轨道下,地球位于近日点的时间在 1 月 7 日左右,由于岁差运动的作用,南半球盛夏的时候也是地球离太阳最近的时候。由于近日点和远日点之间的日照量相差 7%，所以说现在南半球的夏天是一年当中地球接受太阳辐射最多的时候。在澳大利亚，现在人们为了防范因日晒造成的皮肤问题做出了巨大的努力。这不仅因为澳大利亚的大多数居民都是日光抵抗力较差的白种人移民，还在于南半球的夏天比北半球的夏天离太阳更近，紫外线照射量更多。

苏格兰人的观点

路易·阿加西虽然在 19 世纪上半叶提出了冰河时代的概念，但对于冰河时代为什么发生，现代又为什么变得温暖这些问题并没有提出强有力的理论。1842 年，法国数学家约瑟夫·阿德马（Joseph Adhémar）第一个提出，地球轨道三大要素中的离心率有可能对气候的变化造成影响。苏格兰气候学家詹姆斯·科罗尔（James Croll，1821—1890）发展了这一假说，发表论文指出三大轨道要素的周期性变化引起了冰河期的反复发生。

詹姆斯·科罗尔出生在苏格兰农村的石匠家庭，在家里排名老二。他从小没有机会接受正规的教育，11 岁开始阅读书籍自学哲学和科学。他先后从事过水车工匠、旅馆管理人、红茶商人、保险外交员等工作，直到 36 岁时还一边往来于图书馆，一边独自进行研究。1864 年他在学会杂志上发表论文《地质年代上的气候变动的物理要因》之后，终于成为坐落于爱丁堡的苏格兰地质学研究所的职员。

　　然而，尽管他成了研究所的职员，工作也只不过是地图的编辑与销售，完全没有机会从事研究室内的工作。科罗尔每天从上午 10 点工作到下午 4 点，剩下的研究时间仅仅只有在家吃完晚饭后的一小时。他在 1875 年发表论文《气候与时间》后，获得了圣安德鲁斯大学的名誉学位，终于成为伦敦皇家协会的会员。但是科罗尔眼中的学会却是一个空谈与阴谋横飞的世界，"比科学更重要的是贵族架子"。科罗尔无法融入到学会中，并拒绝了皇家研究所讲师的工作。

　　更加不幸的是，詹姆斯·科罗尔的论文所提出的冰期会轮流出现在北半球和南半球的观点在当时备受质疑，末次冰期在 8 万年前结束的主张在当时也没有得到实证研究的支持。因此，尽管他的观点是正确的，但他的研究在 19 世纪末却没有受到重视。不过，进入 20 世纪后，在欧洲内陆终于有一个人注意到了科罗尔的论文。

塞尔维亚人漫长而孤独的研究

　　塞尔维亚天文学家米卢廷·米兰科维奇（Milutin Milanković，1870—1959）认为，地球轨道的三大要素的变动会引起气温变化，尤其会导致夏季气温的低下和冰期的到来。他认为如果夏天过于凉爽就会导致冬天堆积的冰雪无法融化，最后形成万年雪。

米兰科维奇运用牛顿力学和热力学，在 30 年间一直不断计算，甚至在他被澳大利亚军队抓捕关进监狱期间也没有停止。他一心专注于研究，连祖上传下来的房子也变卖了。据说他曾经对着先祖的坟墓，以自己作为研究者让家族的名声传遍世界为由请求先祖的原谅。

1941 年，计算终于结束了。米兰科维奇在论文中指出，岁差运动和地轴倾斜的周期一致，北半球夏季的日照量最少的时候也是冰期开始的时候。这就是被称为米氏旋回的理论。

在米兰科维奇生活的时代，冰期的形成被认为是北极冰盖的有无等地球内部因素导致的，其在地球之外寻找原因的理论并没有被大范围接受。1957 年米兰科维奇过世，他的学说一度被世间遗忘。20 世纪 50 年代，海底沉积芯分析开始登上历史舞台，这一让人惊讶的发现才逐渐受到关注。

在芝加哥大学从事研究工作的恺撒·埃米利亚尼（Caesar Emiliani），对从热带大西洋和加勒比海的海底沉积芯中采得的有孔虫化石中的碳酸钙所含的氧同位素进行研究，发现从 80 万年前开始每过 10 万年就会发生一次冰期。这一结果与米氏旋回理论相吻合。

到了 1956 年，布勒克在博尔德召开的会议上说不应将米氏旋回当作奇谈怪论加以抵制，并于第二年在科学杂志《自然》上发表了论文《冰期的绝对年代和天文学理论》。到 20 世纪 70

年代以后，米氏旋回理论终于因成功说明了气候变动而受到全世界的关注。

米氏旋回当初之所以没有得到重视，是因为当时的人们认为地球轨道变化所引起的日照量的强弱差异太小，不足以引起冰床的消长。关于这个问题，东京大学大气海洋研究所的阿郭彩子教授于 2013 年在科学杂志《自然》上发表了作为解决线索的论文。针对地球轨道要素导致的日照量变化，北半球大陆冰盖的增减进行了计算机模拟实验。结果显示，巨大冰盖的负荷导致大陆下沉，冰盖进一步增大，再现了以 10 万年为周期的冰期。

根据米氏旋回的气候周期性变化，从中生代到第三纪前半，有一个没有冰盖存在的无冰河期。约 3.7 亿到 2.7 亿年前，在古生代的冈瓦纳冰河期中，可以从石炭地层内观测到海平面的上下浮动，由此可以推测当时可能存在周期较短的气候变动，并且这一变动有可能是米氏旋回造成的。地转参数虽然在数亿年中一直不断变化，但要形成米氏旋回并进一步引发气候的大规模变化，还需要地球表面冰床消长的呼应。

3 地貌改变和海面水位上升

北半球日照量的增加和活跃的太阳活动

如前所述，地球轨道的三要素变化是引起地球整体气候变动的主要原因。当地轴的倾斜度变大到 24 度时，由于岁差运动的变化，近日点的时间推移到了北半球的夏季。北半球日照量从 1.45 万年前开始增加，在 1 万年前到达顶峰，当时的日照量比现在还要多 8% 左右。

并且，在全新世初期，太阳活动也有可能非常活跃。众所周知太阳黑子的数量以 11 年为周期发生增减变化。除此以外，太阳活动还会以数百年为周期增强或减弱。

这一活动变化可以用年轮中等含有的放射性碳和从冰盖中提取的铍 −10 的比率来推算。这两种同位素是由来自太阳系外的宇宙射线在大气上层对氧和氮进行核破碎而构成的，如果太阳活动频繁，射线的照射量就会减少。所以，根据从 1 万到 7000 年前这两种同位素的生成量很少，推测太阳活动较为活跃。

巨大冰盖的消失

由于地转参数的变化和活跃的太阳活动，北半球变暖，巨大冰盖逐渐消融。对于冰床的增减来说，关键是夏季的气温。在夏季以后依然残留有冰雪的地区的大小会影响北半球太阳辐射的吸收率。与海冰一样，白色冰雪的反照率很大，会将太阳辐射反射到地球之外。

在南半球，虽然接近大洋洲大陆的一半的南极大陆覆盖着厚厚的冰盖，但是其被海洋所包围，孤立于其他大陆之外。南半球除南极大陆之外，仅在南美洲有极少量的终年不化的冰河。但是北半球有欧亚大陆和北美大陆包围着北极，地形上更加容易在寒冷时代形成巨大冰盖。因此北半球冰盖的增减所引起的太阳辐射吸收率的变化，可以对地球整体的气温造成影响。

位于北美大陆的劳伦冰盖从距今 2.1 万到 1.7 万年期间覆盖着整个加拿大和北美大陆的一半地区。这·冰盖在距今 8000 年时缩小到仅剩哈得孙湾周边的一小部分，到距今 7000 年时基本上消融殆尽，并最终在距今 6000 年时完全融化（图 1-11）。

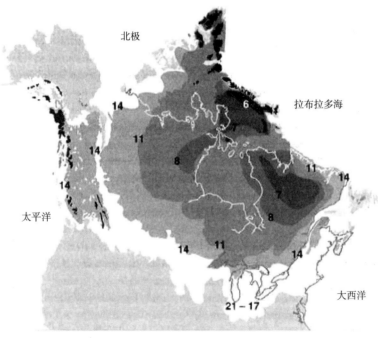

图 1-11 劳伦冰盖的融解（数字为 × 千年前）

资料来源：W.F Ruddiman「Plow, Plagues & Petroleum」（2005）

欧洲北部的斯堪的纳维亚冰盖在距今8500年时就已经消融不见，在现在的波罗的海所在的位置留下了巨大的融水湖。覆盖在北半球的冰盖大范围消融，露出了下方的土壤。海冰消融之后变成海水，反照率变小，开始吸收更多的太阳辐射。出现与前文提到过的冰反照率反馈完全相反的现象。以往被反射到大气圈之外的太阳光被陆地保存起来，加速了气温的上升。

综上所述，全新世气候最适宜期的形成除了太阳的位置与日照的强度以外，北半球的冰雪面积也是很重要的因素。按照米氏旋回所推算出来的北半球太阳辐射量的最高峰之后经历数千年，温暖的时代才终于开始，这是由于北半球冰盖融解显露出地表需要漫长的年月。

北上的森林带，变化的动物

北半球大地的面貌在全新世气候最适宜期中剧烈变化。位于欧洲北部的斯堪的纳维亚冰盖在距今约8500年时消失，其冰雪融水在现在的波罗的海地区形成融水湖。冰盖消失之后，树木变得繁盛。通过分析湖底沉积物中的花粉可知，丹麦在距今1万年时先是出现了桦树和松树，其后是榆树，到了距今8500年后开始发现菩提树、栎树和赤杨。山毛榉等落叶阔叶树在距今1万年时只生长在欧洲南部，到了距今8000年时开始延伸到不列颠岛的苏格兰北部，再到距今7000年时其北线已经扩展到了斯堪的纳维亚半岛南端。距今 1 万年时仅生长在巴尔干半岛和意大利半岛等地中海沿岸的赤杨到了距今 7000 年时已经开始在斯堪的纳维亚半岛上生长，并登陆了不列颠岛东南部。

苔原从欧洲大陆上消失，草原上开始生长树木，形成茂密的森林。在古罗马的史书中，日耳曼人被轻蔑地称为"住在森林中的人"，他们所居住的森林就是在全新世的温暖时代中形成的。

当时的欧洲由于有从大西洋赤道附近的亚热带地区吹来的西南风，冬季也很温暖，平均气温较现在要高 2 摄氏度。在丹麦和不列颠岛还有欧洲陆龟栖息。欧洲陆龟在 7 月平均气温不足 18.5 摄氏度的地区无法生存，因此现在其生存区域的北边线是法国和德国。此外，现在仅能在欧洲东南部看到的濒危物种卷羽鹈鹕在距今 5000 年时也曾飞到过丹麦。

热带地区季风的强化和水蒸气反馈理论

由于北半球日照量加大，热带地区的季风变强。季风是由于海洋和陆地的温差而形成的季节性风，简单来说就是巨大的海陆风。北美大陆和非洲大陆内部的气温上升，与海洋的温差扩大，造成了季风的强化。在北美大陆，劳伦冰盖消失后，山谷被沙土填平，形成了土壤肥沃的大平原。8200 年前事件结束后，季风从墨西哥湾吹入大平原内部，降水量增大，连高原地带都变成了湿润的气候。

在解释热带和亚热带季风增强的理论中，美国气象学家库兹巴克提出了水蒸气反馈理论。库兹巴克认为植物生长的土壤中含有丰富的水分，气温一旦上升这些水分就会蒸发到大气中去。大气中的水蒸气增加，降水量就会随之增加，沙漠变成草原，草原变成森林。因此，热带地区生长的植物一旦增加，土壤中的水蒸气就会发生作用造成植物更快生长，形成正反馈。

在全新世气候最适宜期，非洲大陆北部的季风比现在更强，来自大西洋和印度洋的温暖潮湿的空气流入非洲大陆。从阿拉伯半岛到非洲北部的沙漠在当时也有河流流淌。乍得湖湖面水位为海拔350米，比现在高180米，1万到7500年前的面积约为37.1万平方公里。比起现在的里海也毫不逊色。埃塞俄比亚的降水量增加，尼罗河的流量也增加了。在亚洲南部，从8200年前事件之后季风也得到强化，有分析结果显示当时的气候比现在湿润，气温也略高。

热带辐合带和哈德利循环

热带辐合带（ITCZ）是指以赤道为中心，积雨云像带子一样绕地球一周的地区。这些积雨云是由靠近地面的空气被加热后产生的上升气流所形成的（照片 1-1）。在热带辐合带上积雨云会一直到达平流层，如果飞机以南北方向跨过赤道飞行，飞行员在这一段航程中需要特别小心。

由于太阳高度的变化，热带辐合带随着季节南北移动，在

MTSAT-1R IR1 06031921JST Kochi Univ.

照片 1-1　向日葵 6 号拍摄的热带辐合带
资料来源：高知大学気象情報頁　http://weather.is.kochi-u.ac.jp/

非洲，热带辐合带在 7 月到 8 月从加纳周边和尼日利亚的大西洋沿岸地区穿过埃塞俄比亚，到了 1 月和 2 月则从安哥拉向坦桑尼亚南下。非洲大陆的热带辐合带由于有从大西洋、地中海和印度洋而来的温暖潮湿的空气流入，降水量大，湿度高，因此地面形成了热带雨林。紧邻热带雨林北侧的是萨赫勒草原，

再往北边就是撒哈拉大沙漠。

在热带辐合带由上升气流带到上空的空气在北半球向北极流动，在极地方向到达北纬20到30度的地区后变成温暖干燥的空气降落到地面。这一地球规模的大气循环理论是1735年英国律师兼业余气象学家乔治·哈德利（George Hadley）提出的，这一循环也因此被冠以他的名字，称为哈德利循环。

乔治·哈德利是历史上任职时间最长的科学学会伦敦皇家协会的会员。但由于他是律师，也就是今天所说的文科人才，所以协会给他的工作是配备世界各地的气象监测仪器以及对收集上来的数据进行质量管理。哈德利在观察数据时发现一些疑问：为什么吹向赤道方向的信风总是东北风或者是东南风？为什么随着季节变化它们的强度和位置也会不同？在他之前，伽利略生活的年代人们一般认为这是由地球公转造成的。哈德利在50岁时发表了名为《信风的常规原因》的论文，在论文中他首次提出了哈德利循环。

哈德利循环在刚发表时就遭到了批判。尤其是当时的学界权威埃德蒙·哈雷（Edmond Halley）对哈德利的论文作出了激烈的驳斥，哈德利本人的哥哥，同是气象学家的约翰·哈德利对哈德利循环的评价也不是很好，认为这只不过是业余研究者的一派空想。此后，哈德利循环被气象学界忽视，一直到1880年被德国气象学家阿道夫·施普隆（Adolf Sprung）重新评价才受到重视，前后相隔150年。

批判哈德利循环的埃德蒙·哈雷，他的名字因哈雷彗星而被全世界的人所熟知。他并不是彗星的发现者，但他在预测彗星的周期性方面作出了重大贡献。另外以乔治·哈德利的名字命名的不光是他所提出的理论，现在世界最先进的气候预测研究所（哈德利中心）也是以他的名字命名的。

在哈德利循环的作用下，亚热带的一部分地区变得干燥。撒哈拉地区由于正好位于气流从上空降下的地区，所以形成了炎热干燥的沙漠。不光是北半球的撒哈拉沙漠，位于非洲大陆南部的博茨瓦纳和纳米比亚的卡拉哈里沙漠，大洋洲大陆的沙漠也都是由于南半球的哈德利循环的空气下沉所导致的，因此都被划分为亚热带沙漠。

在全新世气候最适宜期，由于地轴倾斜程度比现在更大，北回归线和南回归线比现在更加靠近极地方向，太阳直射点的运动范围也更加宽广。夏季的热带辐合带的位置比现在更加偏向北方，因此今天的撒哈拉地区当时并不处于哈德利循环的下沉地区。

现代人类的诞生

人类从在草原上猎捕哺乳动物，转变为在森林中以狩猎采集来获取口粮。在这一生活方式的转变中，人类的体格也发生了变化。由于开始吃较软的食物，腭和牙齿变小，脑的容量也变小了。人类身高变低则是在开始农耕后的事情［第二篇第1章（4）］。当时人类的身高和体重与冰河时代相比没有太大改变。尽管如此，还是可以大致认为，当时的人类已经形成了现代人类的基本体型。

现在，包括日本在内的发达国家的饮食条件改善，人类的体格也发生了明显的改善，身高已经恢复到与全新世气候最适宜期相同的水平。从生物学上来说，这已经是人类所能达到的极限了。即使发达国家今后营养状况继续改善，身高也基本上不可能再增加了，只会横向发展，也就是说会导致肥胖。现在不光是欧美，日本也出现了这样的倾向。

当时的人类不光在体型上发生了变化，还产生了宗教和价值的概念。在洞窟壁画上描绘的大型哺乳动物，有一些似乎是为狩猎祈祷所绘制的。但是，当时存在宗教意识的更加具体的证据，却是在土耳其东南部距今1.1万年的哥贝克力的遗址中发现的。在该遗址所处的年代，人类虽然还没有成功地驯化动物，遗址中却出土了数根雕刻着动物形状的石柱，这些石柱很可能是为了祈祷而制作的。

财富的概念也是在这一时期产生的。现今发现的最古老的金制品是在距今6500年的保加利亚的瓦尔纳遗址中的陪葬品。遗址的年代尽管是在开始农耕以前，却发现了金质的装饰品和燧石制成的石刃等需要较高工艺的物品。金等矿物如果不和其他的物品进行交换就无法成为食粮，由此看来，在农耕开始以前就已经产生了财富的概念。

当时的男女关系又是怎样的呢? 研究者对从欧洲的男性和女性遗骨中采取的 DNA 进行了分析,通过线粒体 DNA 追溯母系、通过 Y 染色体追溯父系和各自先祖的分布情况。女性一方从地域上来看没有明显的倾向性,但是男性的分布相对来说却有着地域上的特点。这一情况说明,当时的家族是以女性走出自己所在的团体,加入到男性所在的家族这一方式构成的。

一般人很容易认为通过从事农业有了稳定的粮食来源,人类的寿命应该变长了,但事实并非如此。女性由于从奔波的生活中解放了出来,随时都可以生小孩,因此妊娠的频率上升,反而导致寿命变短。有一部分观点认为,由于男女寿命长短的差异变大,所以才导致出现男性出去到外面危险的世界、女性留在村落周边进行手工作业这样的分工。

绳文初期的日本气候

在绳文海进发生的年代,日本气候也发生了很大的变化。里曼洋流流入日本海是从 1.3 万年前开始的。

对马海峡的海平面水位在末次盛冰期比现在低 120 米以上,而在 8000 年前上升了 60 米左右。暖流在对马岛西侧正式流入,海水温度在这期间上升了 7 到 8 摄氏度。据京都大学名誉教授镇西清高所述,以 8000 年前为分界线,日本海上空的大气中水汽含量有可能增加了一倍，日本列岛的日本海一侧变得多雪也是从这一时期开始的。干燥寒冷的空气经过水温较高的日本海上空形成日本海一侧降雪的机制，也是在 8000 年前形成的。阪口丰教授认为，本州日本海一侧的冬季气候，从 1.3 万年前开始由小雪期变成多雪期，从 8000 年前开始由多雪期变成了暴雪期。

此外，在夏季沿着太平洋高压外缘，西南季风从中南半岛和华南地区带来的温暖潮湿的空气途经本州的太平洋一侧吹入四国和九州。日本列岛的气候虽然在末次冰期中是干燥的大陆性气候，到全新世气候最适宜期之后却变成了冬季在日本海侧大量降雪，夏季在太平洋侧降水量增多的海洋性气候。"丰苇原的瑞穗之国"的气候就是这样在全新世的气候最适宜期中形成的。

植被也发生了变化，日本在距今 1.3 万年时生长着以日本铁杉为主的亚寒带针叶林，在距今 1.2 万年时山毛榉林的生长范围开始扩大，到了距今 1 万年时在太平洋一侧，杉树的生长范围也开始增加。屋久岛的山地上自生的屋久杉就是在这一时期产生的。到了距今 8500 到 6000 年时，日本中部以北太平洋一侧枹栎属等适应温带气候的落叶阔叶树的分布范围开始扩大，到了距今 6500 年左右照叶林开始北上。

日本列岛与欧洲和北美大陆相比，没有巨大冰盖，所以气候温暖化比欧美要早近 3000 年。现今世界上发现的最早的土器是在长崎县北松浦郡的遗址中发掘出来的隆起线文系土器，被认为是1.3万年前的产物。日本列岛开始生产土器的时间较早，有可能也是温暖化比欧亚大陆和北美大陆更早所致。

在末次盛冰期中，由于海面水位低下，人类可以从欧亚大陆北部徒步经过库页岛，或者取道西南诸岛到达日本列岛。但是，从1万年前开始日本列岛与大陆分离，绳文人被孤立，形成了独特的文化。

温暖的气候催生出绳文文化美丽的花朵。在绳文海进时期，海岸线与现在相比要向内陆前进许多，在当时札幌的临海地区，仙台平原和浓尾平原沉入海底，能登半岛则与大陆分离成为海岛。现在人口集中的冲积平原沉入到海平面下，只有冲积高地露出海面成为陆地（图1-12）。

当时关东地区的海岸线到达了群马县的藤冈市，霞之浦与外海相通。关东地区的绳文遗址都集中在位于冲积高地海岸线附近的地方，当时的绳文人将居住地选在面向海洋，背靠橡树林，可以同时很容易地采集到鱼、贝类以及果实等植物性食物的地方。国际日本文化研究中心的赤泽威教授将这一环境称为森林—微咸水复合生态系统。

在全新世气候最适宜期，日本列岛的文化中心是东日本。这是由于这片地区既可以捕捉逆流而上的鲑鱼和鳟鱼等大型鱼类，又可以采集到山毛榉和橡树等阔叶落叶树的坚果，并且还

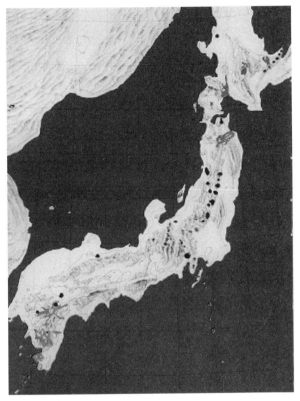

图 1-12 "长夏"时代的日本列岛（6000 年前）

资料来源：湊正雄 監修「日本列島のおいたち 古地理図鑑」（1978）

可以狩猎到鹿和野猪等中型哺乳动物。因此，相比于栲树和樟树大量生长的西日本照叶林，东日本地区更加适合狩猎采集生活。同时，这一分布也是 7300 年前在九州南部发生的鬼界破火山喷发影响的结果。绳文文化之外的另一文化——贝文文化，由于这次火山喷发几乎消亡殆尽。

4 洪水传说

诺亚的洪水是真实的吗

世界各地都流传着洪水传说。其中最有名的当数《旧约·创世记》中诺亚的故事。从诺亚迎来600岁生日的那一年的2月17日开始，连着40个日夜雨下不停，最后变成了大洪水。此外，在希腊神话中，也有宙斯的弟弟波塞冬引发了洪水，最后只有普罗米修斯的儿子丢卡利翁和潘多拉的女儿生存了下来的故事。在司马迁所撰的《史记·夏本纪》中，也曾提到在尧帝时期洪水泛滥，舜帝花了13年时间才修成堤防的故事。日本的东北部地区有白发水，西南诸岛南端有大海啸的传说。除此以外，还有北方日耳曼神话、美国原住民神话等，世界各地都有关于洪水的传说。一般来说，这些传说是为了将实际发生过的自然灾害传达给后人而被代代相传下来的。

《旧约·创世记》中洪水神话的由来，可以从4000年前用楔形文字刻在黏土板上的《吉尔伽美什叙事诗》中找到类似其原型的故事。吉尔伽美什是美索不达米亚的城邦国家乌鲁克的国王，据苏美尔王表记载，他于距今4800年时即位。

在《吉尔伽美什叙事诗》的第十一块泥板中针对洪水传说作了如下的描述：

苏如柏城……位于幼发拉底河畔。

众神发动洪水。

拆下这房子，造一艘船吧；

舍弃财富，设法救人吧；

轻视资产，保持活命吧；

准许各类生灵进入船中吧……

那个时刻终于来临。我关注天象。天气异常可怕。

我进入船中，封上舱口。

一整天，狂风它迅猛地刮过。大洪水淹没大地。人们无法认出彼此。

整整六天七夜，狂风暴雨和大洪水侵吞了大地。

第七天到来时，狂风和洪水渐息。

船停在尼滋山上。

月本昭夫译

哥伦比亚大学的威廉·雷恩（William Ryan）和沃尔特·彼得曼（Walt Peterman）于1997年围绕黑海提出了颇具魅力的假说。

黑海的泛滥

地中海的海面水位在冰期和间冰期的周期性变化中反复上

升和下降。

在 580 万年前的寒冷期中，直布罗陀海峡被封锁，地中海基本上完全干涸，变成了一片盐田。这一事件被称为麦西尼亚盐分危机。大量的盐堆积在地中海海底，其他海洋的盐分浓度大幅降低。此后，在 530 万年前，由于地壳变动直布罗陀海峡再次打开，地中海再一次充满了海水。

末次盛冰期以后，冰雪融水流入黑海导致海面水位上升，黑海海水通过萨卡里亚河流入马尔马拉海。然而在新仙女木期中，气候干燥引起降水量减少，黑海海平面要比萨卡里亚河的入水口更低。

1970 年前后，苏联的科学家发现，由于水位降低，黑海被孤立，曾有一段时间变为淡水湖。1993 年，保加利亚科学院从黑海海底的珊瑚礁中找到了证据，证明黑海的海面也曾反复升降，并且黑海在 9800 年前是淡水湖，其水面水位比现在低 100米左右（照片 1-2）。

马尔马拉海和黑海什么时期是相连的？黑海又是什么时期被海水填满的呢？ 20 世纪 90 年代以后，不仅雷恩和彼得曼，还有很多项目对黑海海底的地形进行了调查，并采集了湖底沉积物中的贝壳。如果能用放射性碳测定在湖底层出现海洋性贝壳的时代，就可以确定马尔马拉海、地中海和黑海连成一片海洋的时期。科学杂志《创造很重要》（Creation Matters）还刊登了一篇专栏提道，对于自然科学家来说，将黑海泛滥和《旧

照片 1-2　黑海的卫星航图

资料来源：NASA

约·创世记》中的诺亚洪水传说相结合的观点值得期待。

　　根据最新研究，1993 年保加利亚科学院学术人员以及雷恩和彼得曼设想，在孤立时期黑海水位与海平面相比并没有相差 100 米，而是 40 米左右。因此，马尔马拉海的海水流入规模被低估了。重要的是黑海出现海洋性贝壳的时期，被认为与阿加西湖最后决口的时期是重叠的。劳伦冰盖的大量雪融水流入海洋的时间是 8740 到 8160 年前，黑海海洋贝类增加等生态系统变化的时间是 8350 到 8230 年前。也就是说，黑海的泛滥与波罗的海和北海的连接以及多格兰被水淹没是同一时期发生的。

黑海沿岸的农耕人群去向何方

由于黑海的泛滥，被淹没的低地面积超过了 7.2 万平方千米。无论是在森林狩猎，还是在黑海捕鱼，抑或是从事早期农业，都失去了适合生存的土地，因此，人们为了寻找新天地而分散开来。新石器时代的遗迹从新仙女木时期以后到 8200 年事件为止，仅存在于美索不达米亚北部经安纳托利亚半岛到爱琴海沿岸。但是，从 8200 年前开始，遗迹数目在欧洲各地急剧增加。7000 年前从地中海欧洲一侧扩展到德国和法国地区，5500 年前扩展到不列颠岛和北海周边的欧洲北部，他们是携带农业技术的新石器时代文化的中坚力量。全新世的最适宜温暖期无疑是他们在欧洲各地开展农业的绝佳自然条件。

从黑海沿岸逃走的人，不仅移居到西方的欧洲，也移居到东方。雷恩和彼得曼认为苏美尔人是从黑海东岸移居过来的民族。

古代：
气候变化催生了文明

第 1 章
"长夏"的结束和古代文明的兴盛

在瑞士提契诺州的莱文蒂纳地区，阿尔卑斯山上海拔 2000 米的地区有一条被称为皮奥拉谷的巨大河谷。距今 5200 年时，这个河谷由于阿尔卑斯冰河的大规模前进，森林线下降了 100 米。这是一种叫作皮奥拉旋回的现象。在 5500 年前以后，全新世气候最适宜期结束，从整体来看全球是逐渐向寒冷化方向发展的。并且，气候每几百年就会发生巨大变动，其间曾经多次出现极端的寒冷气候。这些寒冷期导致人们生活穷困，但同时也成为文明飞速发展的契机。

在第二篇我们首先从以下方面，探讨气候变动和古代文明诞生之间的关系。

● 全新世气候最适宜期结束了，世界各地的气候发生了哪些变化？

● 厄尔尼诺现象是近些年才出现的异常气候，还是从末次冰期开始就有的自然现象？

● 在美索不达米亚和埃及发生了怎样的环境变化，在其影

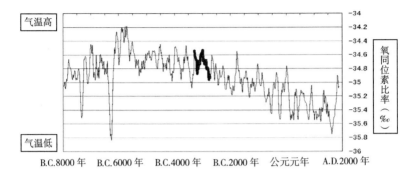

图 2-1 "长夏"的终结和古代文明的兴盛

资料来源：Greenland Ice Core Chronology 2005（GICC05）

响下为什么人口开始集中在大河沿岸？

今天有很多人认为撒哈拉沙漠的扩大是人为的地球温暖化所导致的，在这一部分还将介绍撒哈拉沙漠化的历史。

1 5500 年前开始的气候变化

冰人说明冰河的扩大

1991 年 9 月 19 日，在德国的纽伦堡居住的西蒙夫妇度假来到位于意大利和奥地利国境交界处的南蒂罗尔州登山。他们在奥兹谷的冰川发现一具露出了褐色的后脑部的遗体，于是他们一到达位于附近锡米拉峰的小屋，就立刻通报称发现了遇难

者。在前往调查的人中，有世界首位成功登顶全部 14 座超过
8000 米的山峰、因无氧登山而闻名的莱因霍尔德·梅斯纳尔。
尽管在当时，发现最早的遇难者也只不过是 400 多年前的，但
梅斯纳尔第一眼看到遗体时就断定："在附近的金属制的斧头
上没有开孔，所以遇难时间可能最少也是距今 500 年以上的，
但最多不超过 3000 年。"梅斯纳尔的猜测一半对，一半错。通
过放射性碳定年法检测发现，这具遗体是约 5300 年前因滑落
冰河而丧命的男子的干尸。这具遗体最初被冠以发现地的名字
"奥兹"，后来则被称为"冰人"。

冰人在冬天刚刚下雪的时候滑落冰河，死亡后不久就开始
下雪，因此遗体没有遭到鸟类和虫类的破坏，在冰河中形成了
干尸。当时正好是阿尔卑斯冰河扩大的时期。头部损伤较为严
重，有可能是罗马时代或是中世纪的温暖时期头部露出冰层所
致。冰人被封存在冰层中 5000 年以上，因近些年来的温暖化，
阿尔卑斯冰河逐渐缩小，才得以重见天日，再一次出现在了人
们的眼前。

在阿尔卑斯地区博登湖南岸瑞士一侧的阿尔伯采集的地层
中发现，约 5320 年前湖面水位上升，这和阿尔卑斯冰河的进
程一致。从约 5500 到 5000 年前，不仅博登湖一带，全世界都
发生了气候变化，有种说法是，全新世气候最适宜期结束进入
了"新冰河期"（Neo Glacification）。从气候年代来看，大西洋
期结束，向亚北方期过渡。

世界各地气候的寒冷化得以证实：欧亚大陆北端的泰米尔半岛、斯堪的纳维亚半岛、阿尔卑斯山岳地带，非洲大陆的乞力马扎罗山和南端的甘果钟乳洞，南北美洲大陆的加拿大哈得孙湾、美国华盛顿州、秘鲁的瓦斯加兰冰川、巴塔哥尼亚，还有格陵兰岛和新西兰。近年来，安第斯山脉的凯尔卡亚冰川由于气候变暖而急剧缩小而成为问题。测定冰川形成之前的湿地中生长的植物的年代得知大约是 5900 年前。这表明南美大陆现在残留的冰川是全新世气候最适宜期以后的积雪。

另外还有一些干燥的地区，如蒙古、中国南部及青藏高原、印度、阿曼、以色列、撒哈拉、伊比利亚半岛等低纬度地区。马的家畜化在这个时代落后于山羊、绵羊、牛、猪。近年来的研究认为，家畜化的地区是里海东侧的哈萨克斯坦，这一带的干燥化应该说是与草原的扩张无缘吧。

北半球日照量的减少导致全球气候变化

为什么会发生这种全球性的气候变化呢？主要原因是米氏旋回导致北半球的日照量下降。由于岁差运动，近日点从北半球的夏天变成南半球的夏天，地轴的倾斜度也逐渐变缓。另外，不仅仅是米氏旋回，根据放射性碳元素和铍 -10 的比例分析，太阳活动变弱也是原因之一。

在 6000 年前，尽管北半球的日照量也有减少的倾向，但是当时夏季的日照量还是比现在多 5%。此时，除格陵兰以外，劳伦冰盖和斯堪的纳维亚冰盖等覆盖北半球的巨大冰盖全部消融，吹向热带地区的季风减弱，可以补偿日照量减少的反照率降低趋势此刻也停止了，水蒸气反馈也不再发挥作用。其结果就是米氏旋回所造成的日照量减少的因素变得更加显著。北半球的日照量一旦减少到某种程度，作为其非线性的表达，世界上的某些地方就会出现突如其来的气候变化。

以古气候学知识得出的气温和降水量等估值为基础，结合考虑北半球日照量下降的计算机气候模型，出现了以下倾向。在欧亚大陆北部，森林线下降到更低的纬度，欧洲北部、格陵兰、加拿大北部逐渐寒冷化，北美大陆内地变得湿润，太平洋北部海域气候逐渐变暖，南半球的偏西风不断强化等。另外，热带辐合带原本位于西藏北部到地中海南端，却向南移动到从喜马拉雅山脉南侧到非洲大陆中部地区，导致厄尔尼诺现象变得更加活跃。

厄尔尼诺现象并不是近些年来由于气候温暖化才产生的异常气候现象，也不是过去几万年间一直都有的现象。对厄瓜多尔南部的帕尔卡柯查湖的湖底沉积物、太平洋西部的珊瑚礁的分析，以及近年来佐治亚大学对秘鲁远洋海底中沉积的鱼骨分析等，都证实了在 1.2 万到 5000 年前，也就是从新仙女木期到大西洋期之间，世界范围内几乎没有出现过厄尔尼诺现象。在全新世气候最适宜期，海水温度较高，厄尔尼诺现象的发源地秘鲁远洋海域的水温比现在高 4 摄氏度，相对稳定。然而到了距今 5000 年之后，这一海域的水温降低到跟现代相同的水平，时隔 7000 年再次出现了每过 2 到 7 年海水水温上下浮动一次的现象。

以下内容将会简要提到厄尔尼诺现象的研究过程。首先介绍一下，厄尔尼诺现象的先驱研究者吉尔伯特·沃克（Gilbert Walker，1868—1958）和雅各布·皮叶克尼斯 (Jacob Bjerknes，1897—1975)。

吉尔伯特·沃克和南方振荡

英国人吉尔伯特·沃克是一位在剑桥大学学习数学的电子力学研究者，1903 年进入英国外交部，在经过半年的研修之后于 1940 年到当时为英国殖民地的印度的气象台赴任。以此为契机，沃克开始对西南季风展开研究，因为给印度次大陆带来雨季的西南季风的动向，对英国经营印度殖民地来说有着很大的意义。

印度的年降水量平均为 1100 毫升，即使是降水量少的年份下降幅度也不会超过 127 毫升。但是从 1899 到 1900 年，印度洋的西南季风极度微弱，往年多达 1000 毫米的降水量减少至不到 27%，引发了前所未有的干旱。这次灾害让 6500 万人食不果腹。可以说对西南季风的研究，并不是沃克自身的兴趣所在，而是迫于形势需要。

　　沃克首先考虑是否可以对印度西南季风的开始时期和降水量作出预测。由于懂得统计学知识，沃克开始收集世界各地的气压等气象观测资料并加以分析。沃克在研究中发现南太平洋的塔西提和澳大利亚大陆北岸的达尔文的气压变动成逆相关（完全相反）关系。塔西提气压高的时候达尔文的气压低，塔西提气压低的时候达尔文的气压高。沃克于1923年发表论文，在文中他将这一相逆的气压变动称为南方振荡。除南太平洋东西方位的气压分布之外，沃克还对世界范围的气压高低的位置关系进行了考察。1924年他从印度回到英国，成为帝国理工学院的教授后发现了揭示爱尔兰低气压和亚速尔群岛高气压之差的北大西洋振荡（NAO：North Atlantic Oscillation）[有关北大西洋振荡将在第三篇第3章（2）作介绍]。

　　相比于厄尔尼诺现象，沃克更关心西南季风的强弱。他虽然发现西南季风的强弱跟北非东部高原地区降水量的多寡有联系，却没有发现南方振荡和厄尔尼诺现象的关系，以及南方振荡所带来的全球性的气候变化。

　　厄尔尼诺现象是指秘鲁远洋的海水温度每隔数年就会上升的现象，其名字至少从17世纪开始就在秘鲁的渔夫之间流传。每年12月左右，从赤道往下的太平洋东部的海面水温升高，暖流流入秘鲁沿岸，一直到次年的3月，当地的渔夫都无法从海中捕捞凤尾鱼。每过数年就会有一次海面水温大幅升高的现象

发生，这样一来即使到第二年的 3 月之后依然有暖流流入秘鲁
远洋海域，在这样的年份凤尾鱼的捕捞基本上无法进行。由于
暖流流入秘鲁的时间是 12 月下旬，秘鲁的渔民便借用在这个
月份诞生的婴儿的名字（耶稣基督）将这一年称为"厄尔尼诺"
（圣婴）。

到了 19 世纪后半期，出现了有关秘鲁北部海域海水气温
季节变化的科学论文。人们开始关注 1891 年秘鲁北部皮乌拉
省遭受暴雨和洪水袭击的气候异常的原因。这一年，利马地理
学会会长路易斯·卡里略（Luis Carrillo）在学会的会刊中记载
了秘鲁沿岸的海流流向相反的方向。1894 年，秘鲁地理学家维
克多（Victor）结合历史文献，对 1891 年的暴雨进行了验证，
报告说厄尔尼诺年的海流变化会导致暴雨集中发生。不过，这
种天气现象只限于南美大陆西岸的一部分地区。

雅各布·皮叶克尼斯和 ENSO

雅各布·皮叶克尼斯是气象学界的挪威学派创始人威
廉·皮叶克尼斯（William Bjerknes）的儿子，我们在天气图中
耳濡目染的温带低气压和锋面的概念，就是他提出的。雅各布
在挪威学习气象学，1922 年他提出温带低气压模型之后，于
1933 年被马萨诸塞州工科大学聘请为讲师，并以此为契机于
1940 年移居美国。雅各布长时间以飓风的模型化作为研究课

题，然而从担任加利福尼亚大学洛杉矶校区的气象学科长的 20
世纪 60 年代开始，他就着手对太平洋热带地区的大气和风循
环进行研究。他在 1969 年发表理论认为，厄尔尼诺的气象学
现象，并不只是局限于秘鲁远洋地区的局部现象，而是给热带
地区乃至全球范围带来严重的干旱和洪水的异常气候现象。在
论文中，他将这一每过几年就出现一次的现象命名为厄尔尼诺
南方振荡（ENSO：El Nino Southern Oscillation）。

雅各布·皮耶尼克斯的理论最开始除了得到一小部分人的
认同外，几乎没有得到任何重视。但在 1972 到 1973 年突然发
生的干旱和其后的粮食危机袭击了全世界后，情况发生了翻天
覆地的变化。苏联、北非、印度、澳大利亚、中国发生的破坏
性干旱，导致世界谷物产量出现自 1945 年以后的首次大幅下

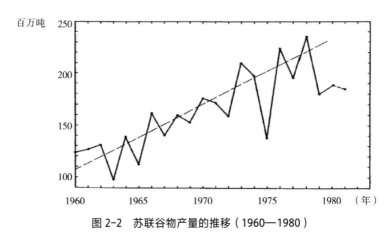

图 2-2　苏联谷物产量的推移（1960—1980）

注：根据耕作面积的扩大和生产力的提高测算的产量增加情况。

资料来源：H.H.Lamb「Climate, History and Modern World」（1995）

降（图 2-2）。苏联在谷物大宗交易中巧妙地从美国手里买入大量谷物，等到全世界发现谷物不足时价格已经开始猛涨。美国的尼克松当局在 70 天内禁止大豆出口，日本也包括其中。粮食安全保障这一概念也是从这一时期开始登上国际政治舞台的。其后，雅各布的理论大受追捧，不光是气象学和海洋学界，政治、社会、经济领域也开始对这一理论刮目相看。

20 世纪 70 年代以后，为了对可能引发粮食危机的厄尔尼诺现象的形成原因进行解释并加以预测，各国政府都投入了大量研究预算。作为厄尔尼诺监测区，大量的气象浮标被安置在太平洋东部，以海面水温为中心的监测网也逐渐完善。这些针对厄尔尼诺现象的细致监测，都是缘于 1973 年的粮食危机（图 2-3）。

厄尔尼诺现象的发生频率：温暖化会使其更频繁吗

在对厄尔尼诺现象的产生进行思考的时候必须注意的是，这一现象并不一定与 20 世纪后的地球温暖化存在关联。厄尔尼诺现象在进入 21 世纪以后，2002 年夏到 2003 年冬、2006 年夏到 2007 年冬、2009 年秋到 2010 年春、2012 年夏到冬、2015 年夏到 2016 年春，以及 2018 年以后都曾发生。厄尔尼诺现象发生得如此频繁，很容易让人以为是受到 20 世纪后半叶的地球温暖化的影响。

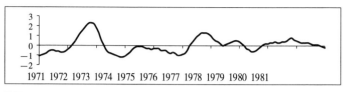

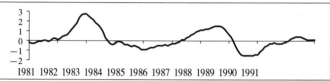

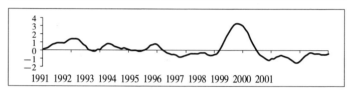

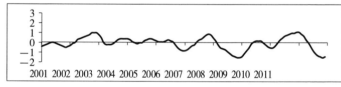

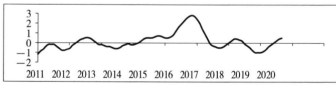

图 2-3　厄尔尼诺监测海域的月平均海面水温变化（单位：摄氏度）

（向上为厄尔尼诺现象）

注：NINO.3 偏差的 5 个月移动平均值。

资料来源：気象庁 HP（http://www.data.jma.go.jp/gmd/cpd/data/elnino/index/nino 3irm.html）

吉尔伯特·沃克在发现南方振荡的同时，还发现厄尔尼诺现象所引起的气压变化与埃塞俄比亚高原的降水量之间存在关联。而埃塞俄比亚高原的降水量又直接影响尼罗河的水量。从模型上来说，厄尔尼诺发生后印度洋的西南季风减弱，同时向东方偏移，造成横贯非洲大陆的热带辐合带从埃塞俄比亚高原向赤道方向（南方）移动。其结果是埃塞俄比亚高原的降水量骤减，尼罗河水量变少则不会发生洪水。利用这一关联，可以通过追溯尼罗河洪水的历史来推测过去厄尔尼诺现象发生的频率。

俄勒冈州立大学的海洋学者威廉·奎因（William Quine）对过去1500年间尼罗河洪水较少年份的发生频率进行了调查。其结果显示，洪水较少的年份在公元622到999年的377年间一共有102年，比率接近28%。与此相比，从公元1000到1290年的温暖时期这一比率减少到仅为8%。这之后，气候进入寒冷化的公元1291到1522年这一比率增加到22%，公元1694到1899年上升到35%。1500年平均来看，洪水减弱的年份的发生频率约为5年一次。

从诸如此类的古气候研究中可以推测，厄尔尼诺现象发生的频率在温暖的时代减少，在寒冷的时代增加。人们关注厄尔尼诺现象是从20世纪70年代中期开始的，在同一时期地球整体温度上升，很容易将二者联系起来，但是，实际上厄尔尼诺现象跟温暖化之间并无关联。

从古代文明诞生到今天为止的5000年间，人类一直承受着由厄尔尼诺现象造成的以数年为单位的气候变动。从厄尔尼诺现象给人类社会和文明带来的巨大影响这一点看来，不管是古代文明的混乱还是20世纪的世界粮食危机，本质上都是一样的。

2 美索不达米亚的灌溉农业

自然降水的农耕尽头和都市的形成

话题重新回到5500年前，由于全球范围的寒冷化，美索不达米亚和埃及的天气变得干燥。气温一旦降低，大气中所能保有的水蒸气总量就会减少，海水蒸发的水蒸气也会变少，最后导致全球降水总量减少。因此，在一部分地区发生了严重的干旱。在美索不达米亚南部，干旱周期性地出现。

在新仙女木事件后开垦的耕作地主要分布在山麓周边，属于依赖自然降水的原始农业。自然降水农耕对雨水相当依赖，需要年降水量在250毫米以上。并且非常容易遭到干旱的打击，一旦气候变动剧烈就难以大范围地经营农业。美索不达米亚南部在7800年前零星分布着一些被称为欧贝德文化的小型定居点，由于周期性的干旱，人们逐渐放弃之前的农地，开始聚居在大河沿岸的低地。就这样，人口密集的地区开始形成城镇。

在约5500年前，谜一样的民族苏美尔人从北方移居到幼发拉底河下游。他们所使用的苏美尔语与日语一样是有很多助词的黏着语，而与阿卡德语以及和今天的阿拉伯语存在关联的闪族语截然不同，因此苏美尔人被认为是原本居住于北印度和中亚的民族。在雷恩和彼得曼的理论中，苏美尔人的祖先是原本居住于黑海东岸的民族，由于大洪水越过高加索山移民而来〔第一篇第3章（4）〕。

苏美尔人为了对抗周期性的干旱，开始在幼发拉底河沿岸的平地上普及使用灌溉引水的农业。他们帮助因干旱从周边地区弃农而来的大量难民发展大规模的灌溉设施。他们从秋天到冬天挖掘运河，开垦新的农地，到了冬天以一月一次的频率打开水路滋润农地以备春天之后的农耕。为了维持如此规模的灌溉系统，领导和官员的角色诞生了。

到了这一时期，在美索不达米亚的古代都市乌鲁克已经形成了由统治层管理的阶级社会，并产生了工匠和商人等职业。最早的刻有楔形文字的黏土板也是在乌鲁克出土的。在这片6平方千米的土地上人们建造了巨大的神殿，一共有5万到8万人居住于此。从人口规模和人口密度来看，这是世界最早的城市国家。

显示经济实力的收获率

从古代一直到中世纪，国家的国力都是由谷物的生产量所决定的。播种一粒种子，到第二年可以收获几粒种子，这一指标称为收获率。在美索不达米亚肥沃的冲积平原，农业活动相当发达，希腊历史学家希罗多德在其著作《历史》中不无夸张地提到，当时美索不达米亚地区的收获率约为300倍。

从京都大学浅川和也教授发掘的调查结果来看，4400年前，在继乌鲁克之后统治美索不达米亚地区的乌尔王朝初期，大麦的收获率高达76.1倍。同一地区现代的收获率不过7到8倍，由此可见当时的美索不达米亚的土地是多么肥沃，农业化水平是多么高。在中世纪的欧洲，1316年的不列颠岛南部的温彻斯特，尽管当地的土地比较适合发展农业，其收获率也不过区区2倍而已。

只不过对于流经沙漠地区、带来大量泥沙的幼发拉底河来说，一大难题就是石灰成分太多。用幼发拉底河水进行灌溉的农田如果排水不够充分，在水分蒸发后就有可能给土壤带来盐碱化灾害。为了对抗盐碱化，必须先将灌溉用水收集到沉淀池中，将含盐分较多的泥水沉淀，其后再通过像蛛网一样分布的水路将其分散。这一过程需要非常精密的作业。因此，为了维持灌溉用水，就越发需要大量的劳动力，以及对水流精准地控制。所以，在美索不达米亚的农业中，最早栽培的不是对盐分相对敏感的小麦，而是大麦和燕麦等。其后，盐碱化逐渐严重，到了4200年前收获率已经下降到仅30倍左右。

3 北非的沙漠化

绿色撒哈拉的改变

今天只要提到撒哈拉，人们便会想到一片毫无生命气息的亚热带沙漠。然而，在距今 9000 到 8000 年时，撒哈拉地区有大量来自地中海沿岸的移民，他们以狩猎采集为生，并且靠养羊作为补充性食粮。然而，在约 5500 年前，气候发生了巨大变化。从北大西洋的海底沉积芯中可以发现由风运来的撒哈拉的灰尘，这些灰尘的含量在 6000 到 5000 年前这段时间里急剧增加，可见西撒哈拉内陆地区已变得干燥。乍得湖的水位也在约 5000 年前从 330 米下降到 230 米。

在全新世气候最适宜期之后，地球轨道发生变化，北半球的年均日照量减少，热带辐合带的北端向赤道方向移动。热带辐合带的上升气流由于哈德利循环在纬度为 20 度的地区沉降 [第一篇第 3 章（3）]。由于热带辐合带向赤道方向移动，北非位于北纬 15 度到 25 度的地区成为上空大气的沉降地区，也就是说形成了干燥的亚热带高压带。因此其地貌由森林变为草原，又由草原变为沙漠，这一转变又造成陆地的水蒸气含量降低，降水减少，并进一步加深了土壤的干燥程度，形成了与以往完全相反的水蒸气反馈。

有一些意见认为，撒哈拉的沙漠化是近些年来的全球温暖化造成的。但事实上，撒哈拉的沙漠化是在从全新世气候最适宜期之后开始的寒冷化进程中，经历了漫长的时间逐步演进而成的。在新仙女木期之前的末次冰期，撒哈拉一带的沙漠范围比现在更加广阔，撒哈拉沙漠的南边界在北纬 10 度，比现在向南多出 5 个纬度，热带雨林的北边界为北纬 2 度，与现在相比向赤道方向收缩了 3 个纬度。在自然因素驱动的气候大循环中，撒哈拉的地表在草原与沙漠之间来回反复。

自 20 世纪以后的撒哈拉沙漠的扩大，与其说是地球温暖化引起的，不如说是由在沙漠南侧的萨赫勒草原地带的游牧民族人口增加，而他们所饲养的山羊与绵羊将包括嫩芽在内的草原地带植物食用殆尽所致。开垦也是土地沙漠化的原因之一，因为农业用地的水蒸气含量比热带雨林和草原要少，大量的农地也推进了干燥化。"锄头动一动，旱天马上来"就是这个原因。

在埃及，4900 年前大象和长颈鹿成了稀有动物，在 4600 年前它们与犀牛一起从埃及消失了。原本沿着赤道两侧栖息在非洲中部的动物可以越过草原来到非洲北部，其后这一道路却因为撒哈拉的沙漠化被隔断了。在第二次布匿战争中，汉泥拔·巴卡（Hannibal Barca）越过阿尔卑斯山时所乘骑的大象，是残存在阿尔及利亚沿海地区的品种。北非的象在公元 3 世纪时就已经灭绝。

撒哈拉成为极端干燥气候的历史较短，只有 1500 年左右。其主要河流的旱谷一直残存到距今 3000 到 2000 年，从人造卫星上拍摄撒哈拉沙漠，还可以发现古代建造的灌溉用水工程残留于沙面之下。总之，撒哈拉的气候，绝不是从古代就一直如此的。

撒哈拉的牧民去了哪里？

今天的撒哈拉沙漠从摩洛哥一直延伸到埃及，尼罗河以东的部分被称为东方沙漠，以西到利比亚为止的部分被称为西方沙漠。9000 年前，西方沙漠的土地也是广阔的大草原。尼罗河支流流入的法尤姆洼地虽然从这个时代开始就有农业，但埃及人几乎都过着以饲养山羊和绵羊为主的畜牧业生活，也饲养牛。这些家畜是从亚洲西南部经过东方沙漠引进的。

按照时间顺序追踪牧民的据点，可以发现他们是配合热带辐合带向低纬度方向移动而迁移的。相对于 8000 年前位于北纬 28 度至北纬 25 度的阿布·穆哈里克和大桑德西的据点，7000 年前则南下至北纬 24 度至北纬 22 度的阿布·巴拉斯和吉尔夫·凯比尔一带。到了 6000 年前，阿布·巴拉斯以北除了少量的绿洲之外，完全找不到牧民的遗迹，人们转移到了苏丹北部的塞利玛沙漠和更往南的瓦吉·霍瓦。① 到了 5500 年前以后，尼罗河沿岸的遗迹逐渐集中了起来（图 2-4）。

西方沙漠的牧民开始在尼罗河周边定居，在沿河的土地上放弃畜牧业，将生活基础转变为农业。尼罗河泛滥形成的平原是农业发展的绝佳之地。

埃及形成了尼罗河中游的上埃及和下游的下埃及两个统治

---

① 上述据点名称为音译。

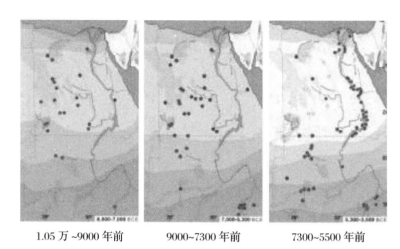

| 1.05 万 ~9000 年前 | 9000~7300 年前 | 7300~5500 年前 |

图 2-4 埃及遗址的变化

资料来源：Kupper et al (2006)

集团。大约在 5150 年前，上埃及的那摩尔国王统治下埃及，
创立了埃及第一王朝。从撒哈拉流入尼罗河中游的人口较多，
这大概是因为上埃及在国力上超过了下埃及。目前还不清楚
上埃及是和平吞并了下埃及，还是用武力打败了下埃及。但
是，在上埃及首都希拉孔波利斯发现的"纳尔迈调色板"中，
描绘了成为法老的高大国王握着敌人的头发，用棍棒殴打敌
人的形象，背面则是一排无头尸体，这其实暗示发生了激烈
的战斗。

法老这一称谓有"人民的放羊人"之意，显示支撑古代埃
及王权的信仰可能是继承了畜牧民族的思想体系。有数片当时
用于仪式的调色板从遗址中出土，其中"纳尔迈调色板"中描

绘的王身上饰有公牛的尾巴，牧羊人手拿长杆。"公牛的调色
板"上有公牛把人扑倒的画面。

4 集体生活的代价

身高降低

在1万年前，据推测世界的总人口只有1000万人，增长
率很低，年均只有0.0015%。到了美索不达米亚和埃及文明兴
起的5000年前，人口增长率上升到了每年0.1%，总人口也翻
倍到了2000万人。这是因为通过集体生活，人们从事农业，
食粮得到了保障，足以维持人口的增长。然而，对于单个的人
类个体来说，农耕生活与狩猎采集生活相比较，不见得完全是
好事。因为这会导致营养不良、疫病、歉收以及社会的不平等
化。在这里，我想探讨一下营养不良和疫病。

首先，由于食粮被限定在小麦和大米等两三种谷物的范围
内，长期缺乏矿物质和维生素，给营养均衡带来负面的影响。
我们来看看地中海东部沿岸人们的身高变化。在末次盛冰期的
旧石器时代，成年男子的平均身高约为177厘米，成年女性约
为166厘米。新仙女木期的中石器时代，成年男子的身高约为
173厘米，成年女子则略低于160厘米。然而进入从事农业的
新石器时代以后，成年男子身高明显下降，略低于170厘米，

成年女子身高也下降到约 156 厘米。到了 5500 年前开始的青铜器时代初期，成年男子身高下降到约 162 厘米，成年女子下降到 154 厘米。之后略有回升，男子 170 厘米左右，女子 150 厘米左右，一直延续到近代。

欧洲人当时的体格与现在的亚洲人差不多，欧洲人的身高是在 19 世纪后半叶以后开始增长的，这与经历了工业革命人们的饮食生活变得丰富是同步的。而且 20 世纪后半以后，亚洲人的身高也走上了同样的道路。这不仅仅是摄取营养的改善，在集体生活分工先进的社会环境中，任何人都没有必要做同样的劳动，即使体格较差也可以留下子孙就是证据之一。

畜牧带来的疫病

在农耕之后，畜牧业也在 1 万年前开始了。不过，与家畜近距离生活，也带来了传染病的隐患。从家畜的病原体变异而来的传染病超过 300 种，其中一半以上都是从狗、山羊、绵羊身上传过来的。人类与狗有 65 种，与牛有 55 种，与绵羊有 46 种，与猪有 42 种疾病共通。作为其代表，天花、结核、白喉是从牛而来，麻疹是犬瘟热突变而来，麻风病的原种病毒是从水牛身上来的。流感是水禽肠道内的病毒通过鸡和猪传染给人类所引起的，最近变异种仍然在东南亚等地大范围流行。

通过末次冰期中浮上海面的白令陆桥渡海来到美洲的土著

最早驯化的家畜只有美洲驼和羊驼。因此，他们对由家畜身上传来的传染病的抵抗力极端低下。在 1492 年哥伦布之后，随着乘船渡过大西洋的欧洲人的到来，天花、流感、麻疹肆虐，土著的人口急剧下降。

加利福尼亚大学伯克利分校的库克和波拉的研究指出，印加帝国的人口在 1518 年约有 2500 万人，到了 1568 年减少到只剩五分之一，到 1623 年仅剩 200 万人。美洲大陆土著的人口减少，不是由于欧洲人枪炮的虐杀，而是由于他们带来的疾病所致。

战争的起源

随着人类开始了集团生活，集团之间的战争也随之产生。在末次冰期的壁画中没有描绘战争的场景，在这一时代的遗址中也很少发现战争的痕迹。这是由于当时人口密度很低，集团之间不易发生摩擦。

从距今 1.45 万到 1.2 万年的纳吐夫遗址中发掘出来了数百人的骨骸，其中负有外伤的仅有两具，没有发现因战争所引起的损伤。然而，与纳吐夫文化同一时代的埃及的墓地遗址中发掘出来的人类遗体的一半都发现有暴力的痕迹，在苏丹的捷贝尔·撒哈巴（Jebel Sahaba）遗址中，出土了大量被石器穿刺的遗体。这可能反映了从末次冰期到温暖气候的转变中，随着河流水位的上涨，人类为了争夺剩下不多的土地所展开的斗争。

在欧洲，从西班牙东北部的距今 1.2 万年的莫雷利亚遗址中的壁画上描绘了三四个人拿着弓箭战斗的情景，这些壁画被认为是人类将狩猎的工具变成武器的证据，受到了人们的关注。人类在狩猎采集的生活中越来越倾向于定居，因此围绕地盘的争夺爆发了。从 7500 年前的瑞典南部的遗址中发掘出来的遗体中，从遗体头部和身体左侧的损伤较为严重这一点看来，可以推测是被战斗对象用右手握住的棍棒殴打致死的。由于斯堪的纳维亚冰盖融解，与现在成为北海的地区临近，由于海面上升导致适宜狩猎采集的陆地减少，加上人口的增加，最终导致了土地争夺的激化。

在美索不达米亚，距今 7000 年的索万遗址的周围发现了壕沟，在乔加马米遗址中有城墙和类似灌溉用水路的沟槽。壕沟和城墙是以防御外敌入侵为目的的设施，因此可以认为在当时就有了围绕争夺适宜灌溉农耕的土地而展开的战争。

到了距今 4500 年左右，美索不达米亚和埃及都出现了较大的城邦国家，确立了强大的王权。在没有外族入侵安定统一的埃及，以举国之力建造了以三大金字塔为主的巨大建筑群，与此相对，美索不达米亚的苏美尔王朝国家分裂，战争不断。基什和拉格什为了争夺领土对峙了长达 200 年，除此以外，由于温马向拉格什借走的大麦利息不断增加，最后无力偿还，温马和拉格什之间也曾经发生过战争。

第 2 章
反复的寒冷化，突如其来的干旱

从 5500 年前左右开始，地球经历了长约 400 年的寒冷期，从大的时间跨度来看，地球的气候经过了温暖时代的顶峰，开始缓慢地向寒冷化方向发展。地球的平均气温从长期来看有降低的倾向，每过 700 到 800 年就会发生一次长达百年左右的极端寒冷化，并在某些地区引起严重的干旱。

1986 年埃及考古学家费克里·哈珊（Fakhry Hassan）发表了过去 1 万年间尼罗河的法尤姆洼地中的摩里斯湖的水位变动，历史学者惊讶地发现，其变动曲线与埃及王朝盛衰的时期非常一致。每当水位低下时王朝就会发生混乱，新的王朝由此诞生。

气候变化影响的不仅是古代埃及的王朝，还大大地影响了所有农耕民族的文明，同时也是居住在内陆草原地带民族大迁移的诱因。每当寒冷化来临，即便是兴盛的大国也会在很短的时间内灭亡。

在这一章将会讲述以下内容：

● 在 4200 至 4000 年前引起美索不达米亚的苏美尔文明灭亡，并在埃及引起古王国第一中间期混乱的背景是什么？

● 3200 至 3000 年前迈锡尼文明和赫梯文明衰落的契机是什么？东亚地区的商到周的王朝更替是由什么引起的？

● 以 2800 年前的寒冷化为契机的民族大迁徙给人类的精神世界带来了怎样的变化？

此外，本章还会将视线转向日本从绳文文化到弥生文化的变迁。绳文文化的变迁也是与世界史的方向和步调一致的。

1 距今 4200 到 4000 年：苏美尔王朝和埃及古王国的灭亡

地球规模性大气海洋循环的异变

从 4200 年前开始的 200 年间，全球气候发生了变化。大气从低纬度流向高纬度的哈德利循环发生了变化，海洋和大陆之间的季风变弱。而且，世界各地的人们都在为对抗寒冷化和干燥化而艰苦奋斗。

美索不达米亚的干燥化非常显著。阿曼湾海底沉积物的调查显示，从 4149 到 3826 年前之间，白云石（苦灰石）的含量非常高，风将干燥土地上的白云石吹起，运到了海上。死海的湖面水位也在这一时期一下子下降了 100 米。

埃及也是如此。从苏丹的喀土穆和埃及三角洲地带的沉积物中可以确认尼罗河水量的锐减。

印度季风的吹法发生了变化。东部的恒河与布拉马普特拉河以及西部的印度河水量减少，而印度次大陆西岸的西高止山脉一带降水量上升。摩亨佐达罗遗址在 4200 年前发生干旱后被遗弃，哈拉帕文明在 3950 年前向其他地方不断扩散。

在中国，从位于黄河上游的黄土高原西部的沉积物中所含的有机物和花粉可以得知，从 4090 到 3600 年前，降水量有所减少。

美国西部白山山脉的布里斯托尔松的生长界线与 5000 年前相比，从 4209 到 4139 年前急剧下降了 65 米左右，这意味着平均气温下降了 0.6 摄氏度。

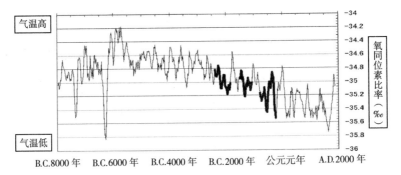

图 2-5　反复的寒冷化和干旱

资料来源：Greenland Ice Core Chronology 2005（GICC05）

从南美大陆智利近海的海底沉积物可以得知西风带向低纬度方向移动，导致智利南部变得干燥，而北部变得湿润。

秘鲁北部安第斯山脉冰川的冰芯中所含的沙尘量在那个时代非常突出，说明这里曾经发生过干旱。南美大陆高原的干旱在厄尔尼诺现象发生时尤为明显，因此，当时强烈的厄尔尼诺现象持续了好几年的说法比较有力。这种厄尔尼诺现象可能会对偏远地区的气象状况产生影响，减弱印度洋的西南季风，改变世界各地湿润地区和干燥地区的分布。

被干旱侵袭的美索不达米亚

对于美索不达米亚的城邦国家来说，长期的干旱是致命的。雷兰（Tell Leilan）位于美索不达米亚东北部，幼发拉底河支流哈布尔河沿岸，是阿卡德帝国的三大城市之一，其四周环绕着巨大城墙。然而，它在 4170 年前（±150 年）被突然遗弃。在当地完全没有人类活动痕迹的地层中发现了强风吹拂、沙尘堆积的严酷干旱的痕迹。人类重新居住在雷兰城，是在经过了 300 年气候重新变得湿润之后。不仅是雷兰，从底格里斯河和幼发拉底河的中上游，也就是现在的伊拉克北部到土耳其，74% 的居住地被遗弃，居住面积减少了 93%，人们移居到南部，也就是河的下游。

当时在阿卡德开始实行谷物配给制，记录表明乌尔的统治者也决定大幅削减谷物的配给量。为了争夺灌溉用水和谷物，苏美尔各城邦之间的战争极尽惨烈，同时还遭受异族古蒂的入侵。古蒂人的入侵是因气候变动引起的民族迁徙所诱发的，在其后漫长的时间里，民族的迁徙也一直是改变历史的原动力。

尽管阿卡德王朝为了抵抗异族的入侵修建了绵长的城墙，然而仅用 10 年就被攻陷了，在经过苏美尔王表①中所记载的"孰是王，孰非王，莫衷一是"的混乱时期之后，阿卡德王朝灭亡了。混战持续了 100 年，最终在公元前 2112 年乌尔纳姆（Ur-Nammu）建立起苏美尔人最后的帝国，乌尔第三王朝。

乌尔第三王朝的生命也很短暂。到公元前 2028 年以后，由于饥荒不断，谷物价格狂涨 60 倍。到了最后一个国王伊比辛（Ibbi Sin）时，将军伊什比·埃拉（Ishbi Erra）叛变，伊比辛在公元前 2004 年被邻国埃兰俘获，乌尔第三王朝灭亡。之后，苏美尔的日常用语从苏美尔语变为阿卡德语，文化也逐渐被闪族文化所同化。与中世纪的拉丁语一样，苏美尔语作为带有庄严感的语言，被用在王族的碑文、赞歌以及学校等场合，一直延续到公元前 1800 年前后。

食物禁忌的开始

食物禁忌是在这一时期从西南亚发端而来的。猪由于不能

---

① 古代美索不达米亚文献，使用楔形文字书写。

抵挡强烈的日晒；所以只能在阴凉处饲养。在气候逐渐干燥化的过程中，美索不达米亚和埃及地区的自然条件逐渐变得不利于猪的饲养，再加上猪既不能产出可供食用的乳汁，也不能供人乘骑，更不能用作农耕，还容易把猪霍乱和旋毛虫病传染给人类。随着气候的转换，猪的这些缺点变得越来越显著。

从遗址中出土的兽骨可以证明，猪的驯化是从8000年前在西南亚开始的，到4900年前时，其饲养量已经占到家畜饲养量的20%到30%。然而到了4400年前左右，美索不达米亚的绝大部分地区和埃及都从宗教上禁止了猪的饲养。考虑到此时正是气候干旱时期，两者之间的联系耐人寻味。

那么，印度禁食牛肉的传统又是从何而来的呢？历史上印度北部一直到距今3000年左右都有食用牛肉的传统。然而，喂养牛必须消耗谷物，而人类也以谷物为食，因此就出现了人类跟牲畜争夺口粮的局面。牛的饲养成本上升，因此不再适合以食肉为目的来饲养，而成了专用于农耕的家畜。

不过，最初婆罗门和刹帝利作为特权阶层依然在食用牛肉。公元前257年由于阿育王的决断，他们也开始禁食牛肉。取代佛教的印度教也沿袭了阿育王"不食神肉"的决定，并一直保留到现在。

尼罗河的三个水源

安定统一的埃及古王国，此时也由于干旱陷入了危机。尼罗河是世界第一长河，水量丰沛。然而，其下游的埃及原本就是干燥地区，从古到今都依赖上游的降水。

尼罗河的水源有三个。从发源于埃塞俄比亚高原的蓝尼罗河而来的水量约占 60%，位于尼罗河北侧在下游与尼罗河合流的阿塔巴拉河占 10%，经过苏丹流入维多利亚湖的白尼罗河占 30%。尽管流入维多利亚湖的白尼罗河河道较长，流域广阔，然而埃塞俄比亚高原由于位处热带辐合带，降水量较大，对于下游水量的供给有着重大的意义。因此，尼罗河下游的洪水主要来自埃塞俄比亚高原的热带暴雨。

这一降雨机制是从新仙女木期之后开始的。在末次冰期中，维多利亚湖的水位比现在低 26 米，湖水无法流入尼罗河。埃塞俄比亚高原的降水也较少，因此尼罗河中游河谷附近的水位比现在低 30 米左右。到新仙女木期之后的全新世气候最适宜期时，尼罗河的水量增加，到距今 7000 年时河口的洪水流量达到最大，其后便进入了减少的过程。莫尔斯湖的水位在距今 5500 年撒哈拉开始沙漠化后逐渐降低，下游的洪水到距今 5000 年时与气候最适宜期相比规模缩小了 25% 到 30%。到了距今 4200 至 3300 年间，每 100 年左右就会出现水位急剧下降的时期。

尼罗河的洪水对于埃及的农业来说是天然的灌溉用水。其中游的平原到每年的 7~9 月都会被从尼罗河干流流入的高达 1~2 米的洪水所覆盖。一直到洪水退去的 9 月，水分和营养都会不断滋润曾经干涸的土壤，使其保持肥沃。在埃及人们不用像苏美尔人一样担心土地的盐碱化。古代埃及的农业生产率甚至高于 18 世纪的法国，正如希罗多德在其著作《历史》中所写到的 "埃及是尼罗河的恩赐"。

修建于 1980 年的阿斯旺大坝拦截了河水中的泥土，在埃及持续了 6000 年的农业变成了大量使用化肥的方式，讽刺的是，这引起了尼罗河下游的盐碱灾害。每当厄尔尼诺现象发生，洪水规模缩小，埃及的农业就会遭受打击。从这一点来看，不管古代还是现代都是一样。

法老的陨落

古代埃及人也认识到尼罗河的洪水掌握着自己的生命线。在古王朝之前，先王朝时期雕刻于法杖顶端的人物像就体现了法老管理洪水这一世界观。其上雕有蝎子王手持铁锹挖掘水路的形象，显示从王国创立伊始，控制尼罗河的洪水就是法老的重要职责。古王国的法老不仅被认为拥有控制洪水的神力而被推崇为神，受民众敬仰，还肩负着每年引发洪水并将其时期告知民众的职责。

而实际上，古代埃及人通过观测天体制定了太阳历（天狼星历），发现当太阳和天狼星同时升起时尼罗河便会泛滥，并且通过水位计测量每年因洪水所造成的水位上升，可以预测洪水的规模。由于在正常的年份洪水都会按预期的时期和规模发生，民众便认为这一切都是法老无边的法力所赐。

然而在4200年前发生干旱时，洪水却没有像法老所预言的那样如期而至。埃及发生了严重的饥荒，据文献记载"人皆食其子"。民众开始怀疑法老的神力，暴乱频发，古代王国在修建了胡夫金字塔400年后，因佩皮二世的亡故，在公元前2184年灭亡了。其实真相不是法老控制着尼罗河，而是让尼罗河的洪水发生变化的厄尔尼诺现象，掌控着法老的神性（见图2-6）。

其后，在沿着尼罗河的狭长王国中，被称为第一中间期的分裂时期持续了200年以上，首都孟菲斯陷入一片混乱，最初的30年里几乎处于无政府状态，各地军阀割据。由于神圣的王权被否定，饥饿的民众开始盗掘王墓，变得唯利是图。第一中间期的雕刻都是写实风格的作品，可以说是极端现实主义的时代的写照。

2 距今3200到3000年：亚洲东西部帝国的灭亡

导致米诺斯文明灭亡的火山喷发

距今3700到3600年，爱琴海基克拉底群岛中的圣托里尼岛发生了巨大的火山喷发。美国西部布里斯托尔松的年轮宽度

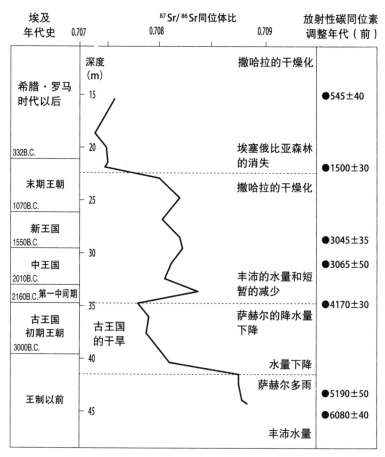

图 2-6 尼罗河水量变化（锶同位素比例）

资料来源：Stanley et al (2003): Nile Flow Failure at the End of the Old Kingdom, Egypt: Strontium Isotopic and Petrologic Evidence. *Georcheology* 18 395–402

于 3628 至 3626 年前之间较窄，爱尔兰橡树的年轮宽度在 3630 年前是最窄的。另外，根据格陵兰冰芯产生的火山灰数据，火山大约在 3669 年前、3642 年前、3623 年前喷发。喷发规模在过去 1 万年里也是数一数二的，火山喷发碎屑的总量（火山灰、火山碎屑流等的喷出量）为 99 立方千米，相当于 1815 年坦博拉火山的三分之二，是 20 世纪最大的火山喷发，即 1991 年皮纳图博火山喷发量的 9 倍。

现在，从卫星照片上可以看到圣托里尼岛呈月牙形，沉入海底的火山口东西长 6 公里，南北宽 8 公里。地质学调查表明，整个破火山口①状的岛弧曾经是巨大的火山岛。

受到直接影响的是克里特岛的米诺斯文明。米诺斯文明作为爱琴海文明之一，从公元前 1900 年开始繁荣起来。其青铜器和陶器被认为具有很高的艺术性，克诺索斯的宫殿里还设置了世界上最早的抽水马桶。主要的经济活动是与安纳托利亚、塞浦路斯、美索不达米亚等地中海东部地区进行的贸易。

由于岛内资源有限，木材和黑曜石等原材料依赖进口。在海外交通方面，作为与希腊本土的中转站，圣托里尼岛上的殖民城市阿克罗蒂利是米诺斯文明的重要据点。

圣托里尼岛大喷发之际，克里特岛位于东南偏东 100 公里处，遭受了巨大的海啸袭击。岛屿东部的港口城市巴列卡斯特罗是一个对于海洋国家来说很重要的基地，城市规模比拥有宫殿的克诺索斯还要大。这个港口不仅有商船，还有为了确保海上交通的军船。也许是被海啸冲走的缘故，包括巴列卡斯特罗

---

① 火山爆发形成的，由于自然或人工的破坏而成为不完整的火山口。

在内的沿海城市都没有留下城墙。此时，作为米诺斯文明力量根基的海军力量几乎全部丧失。当然，圣托里尼岛的殖民城市阿克罗蒂利已经消失。

巴列卡斯特罗遭受了毁灭性的破坏，失去了阿克罗蒂利，米诺斯文明的社会发生了变化。火山喷发引发海啸后的几代时间里，迈锡尼裔希腊人统治了该岛。原本是多神教的文明，在火山喷发后这里建造了与之前不同的寺院，描绘了新的宗教图案，宗教似乎发生了变化。米诺斯文明的陶器图案中，以海豚、章鱼、大海等为主题的图案逐渐增加，这也暗示着居民们的心态发生了变化。

克里特岛使用的文字从线形文字 A 变成了希腊语前身的线形文字 B。线形文字 B 于 1950 年由英国人迈克尔·文特里斯（Michael Ventris）破译。但是，圣托里尼岛喷发时使用的线形文字 A 至今仍未被破译，因此无法获取关于巨大火山喷发的文献记录。地震和海啸带来大灾难这一场景，可能被柏拉图化用在《克里提亚经》中关于亚特兰蒂斯大陆的传说里了。

对气候变化浑然不觉的迈锡尼文明

大约在 3300 年前，从地中海到西南亚的气候发生了变化。塞浦路斯岛和叙利亚海岸有干燥化倾向。这是由于地中海东部海面水温下降，大气中的水蒸气量减少所致。黎凡特地区在距今 3250 至 3100 年发生干旱，农作物歉收，用于畜牧的草原也不断缩小，导致城市无法维持人口生存，人们纷纷向外地迁移。

因木马而闻名于世的特洛伊战争在约 3200 年前发生于波斯和希腊之间，而希罗多德的《历史》中提到，战后由饥荒和瘟疫造成的大量地区人烟荒芜，事实上却有可能是由干旱导致的。

最早提出气候的变化对地中海世界产生影响的，是气象学的门外汉，美国人里斯·卡朋特（Rhys Carpenter）。卡朋特的专业是古代希腊艺术，他于 1966 年出版著作《希腊文明的断绝》（*Discontinuity in Greek Civilization*），在书中他提出气候的变化导致迈锡尼文明没落，使得民族迁徙。当时已有 76 岁高龄的卡朋特在课堂上用古希腊文字教学，并且效法苏格拉底的教学方法，不采取单方面教授的方式，而是采用对话的方式，引导学生寻找答案，因此被认为是特立独行。另外，他还被认为冥顽不化，听不进他人的意见。气象学家们最开始对他的主张完全不理不睬。然而，通过对湖底沉积芯中的氧同位素的含量进行分析后发现，希腊的气温和湿度一度发生过急剧变化，他的学说才逐渐受到专家的关注。

今天，人们对希腊的印象多是以卫城为代表的由白色大理石建造而成的神殿，和其周围树木稀疏的荒山。然而在全新世气候最适宜期，当地曾经长有茂密的树林。希腊在末次冰期时期主要是艾草的草原，到距今1.3万年时松树林和栎树林扩大，动物也从野驴和北山羊等大型草食动物变成了适应森林生活的野猪和马鹿。迈锡尼文明就是在这些茂密的森林中繁荣兴盛的。

到了距今3500年以后，这一地区虽然已经开始干燥化，但是当地的居民却没有察觉。他们继续采伐周边的森林，在迈锡尼文明最兴盛的时期，森林资源减少，人们不得不从土耳其西岸进口木材以弥补消耗。在《伊利亚特》第二首中，记载了迈锡尼船只的数量，在迈锡尼市，可以单独供120名左右的士兵乘用的军舰有100艘，在周边城市梯林斯有80艘，皮拉斯有90艘，整个迈锡尼文明的军舰共计有1186艘。为了建造如此大量的军舰，需要采伐大量的木材。随着森林不断被采伐，土壤流失，土地很快就变得贫瘠了。在用线形B文字写就的《皮拉斯文书》中记载了当时土地荒废的情形。

在距今3200年时，迈锡尼文化的大本营迈锡尼、梯林斯、皮拉斯的宫殿和要塞燃起大火，城市被遗弃。在很长一段时间里，历史书中都声称迈锡尼文明的没落是由于长时间受到多利亚人的入侵。然而，关于这一说法的证据至今未被发现，因此到现在比较有说服力的说法是，迈锡尼文明是由于严重的干旱而从内部开始崩溃的。

历史书在介绍希腊附近的荒山时，一般都说这些荒山是由于古代人的滥砍滥伐造成的。实际上，这些荒山很大程度上是气候变化的结果。后世的亚里士多德曾经记载，迈锡尼地区原本湿气较重，现在则变得干燥。可以说迈锡尼人是由于未能发觉气候的变化，忽视了对宝贵自然资源的保护，最后自取灭亡的。

在迈锡尼文明没落后，多利亚人移居到了这片空无一物的地区。他们从迈锡尼文明和希腊文明之间的黑暗时代，就开始栽培适合生长于因过度采伐而荒芜的山上的植物——橄榄。尽管希腊的农业得以复苏，并一直延续到了现在，但是过去郁郁苍苍的森林却从此一去不复返了。

世界上最古老的战争：赫梯对埃及

迈锡尼文明的对岸，博斯普鲁斯海峡的东侧，在小亚细亚半岛的高原上，赫梯文明也因气候变化遭受到巨大打击。赫梯发明了铁的精炼法，成为一个军事帝国，然而其食粮却只能依靠从叙利亚和埃及等国家的进口，因此一旦地中海东部发生干旱，输出国的产量减少，赫梯就会比其他国家更早受到影响。于是赫梯发挥其军事国家的优势，挥军南下，攻下叙利亚北部，与埃及新王国接壤。

公元前 1274 年，两国之间爆发了卡叠什战争。赫梯的穆瓦塔里下达总攻令，集结了 4 万士兵和 3700 辆战车，与此相对，埃及的拉美西斯二世派出了 2 万士兵和 2000 辆战车，两军相交，爆发了大规模的冲突。这一战争之所以著名，在于它是战争过程得以流传后世的最早的一场。赫梯和埃及都在自己国家的碑文中声称自己取得了胜利，然而实际情况有可能是以议和告终。拉美西斯二世未能攻下叙利亚北部的赫梯领土，在陷入胶着之后两军都各自退了兵。

卡叠什之战过去十多年后，在公元前 1258 年两国缔结和约，结束了战争。这一和约也是世界上最早的和约，其正本刻于银板之上，今天通过从赫梯出土的刻有楔形文字的黏土板和埃及的象形文字碑文，可以得知其内容。在和约中，不仅规定双方永不交战，并且还约定双方中的一方遭受第三国（估计是指东方的大国亚述）侵略时，可以向另外一方的国王要求派兵以保障安全。此外，还记载当有人作乱犯上而在另一国被逮捕后要将此叛乱者引渡回国等，类似于今天的罪犯引渡条约。只不过比较双方的记载之后发现，只有埃及一侧的碑文中记载到赫梯诚恳地签订了条约，由此看来，赫梯一方似乎多有苦情。

其原因在于，赫梯国内正面临严重的粮食不足问题。在埃及方面记载了埃及接受赫梯的要求，向赫梯输送粮食。在拉美西斯二世的儿子梅内普塔的碑文上，刻有从埃及输送的粮食关系着赫梯存亡的内容。并且，在用黏土板刻成的赫梯王的书简中，还记载说，如果没有大型船只输送谷物，赫梯全国都会灭亡。

尽管埃及向赫梯输送许多支援性食粮，但赫梯的饥荒并没有从根本上得到改善，国家体制发生了动摇。国内各地内乱频发，后来又因受到不明民族"海之民"的袭击，赫梯在公元前1190年灭亡了。铁的精炼法在很长时间内被赫梯视作机密，但是随着赫梯的灭亡铁器扩散到了世界各地，世界从青铜器文化过渡到了铁器文化。在地中海东岸从事掠夺活动的"海之民"被认为是由小规模民族自发结成的团体。埃及抵挡住了"海之民"的袭击，但国力却衰落下去，拉美西斯三世遇刺后新王国继续衰落。

周之勃兴，商之灭亡

在东亚，大约在3100年前，黄河上游的黄土高原气候开始变得干燥。土壤沉积物中含有很高的碳酸钙，是由亚洲内陆的风带来的。与之前来自太平洋西部的温暖季风相比，这一时期寒冷干燥的季风增强了。内蒙古地区的湖泊水位也在3100至2400年前下降，可见降水量在减少。

黄土高原的农业和畜牧业都变得难以持续，许多部族移居到黄土高原南部，甚至黄河中游。司马迁的《史记·周本纪》记载，首任君主武王的曾祖父古公亶父为抵挡戎狄的入侵，将根据地从祖先到六代前的庆节长期居住的豳[是陕西省的邠（彬州市）]转移到了岐山（陕西省宝鸡市）。但是，他们是为了逃离游牧民族戎狄而向西移动到黄河上游的吗？豳地处黄土高原，有说法认为，与其说古公亶父是在游牧民族的压力下，不如说是为了寻求适合农耕的环境，才带领部族在3100年前左右南下的。

据记载，气候异变从黄河中游一直延续到下游，出现旱灾、沙尘暴、大饥荒。之后，在3050年前左右商灭亡了，建立新王朝的是来自黄土高原的古公亶父的后代，他们以岐山的地名周原为国号。

就这样从3200到3000年前，亚洲的东西部都发生了划时代的转变。有人认为，以东地中海为中心的政治危机并不仅仅是由干旱导致的饥荒引发的，而是地震、内乱、入侵、对外贸易等综合因素共同作用的结果。但是，如果考虑到中国也在完全相同的时期发生了以气候干燥为背景的王朝交替，那么发生划时代变化的根本原因不就显而易见了吗？

3 距今2800到2300年：民族大迁徙

气温低下：原因是太阳活动的暂时减弱吗

到距今2800年以后，气温的降低更加显著了。从美索不达米亚的巴比伦的大麦收获期来看，在距今3800到3500年之间的温暖时期，从3月下旬开始就进入收获期了。然而到距今2600到2400年之间时，收获期变成5月上旬，延后了一个多月。

在同一时期，不列颠岛西侧的威尔士地区气候干燥，东部的英格兰地区河水的水量也开始减少。这是由于西南风衰弱，从大西洋过来的温暖湿润的空气无法继续流入。通过花粉分析可以发现，在这一时代森林变成草原，英格兰东部的河水的水量也明显减少了。

在欧洲大陆，挪威的冰川扩大到了 14 世纪以后寒冷化时期的规模。由于冰河扩大到阿尔卑斯山的山口，金矿不得不封闭，萨尔茨堡附近山上的湖水泛滥，盐矿贸易受限。欧洲大陆的大部分地区都已经没有山毛榉等落叶阔叶树分布了，松树等针叶林范围扩大，之前人们在越过森林边界的高地开垦的农地被荒置，农村也开始没落。

13 世纪的挪威诗人斯诺里·斯图鲁松（Snorri Sturluson）所著的北欧神话《艾达》中的《诸神之黄昏传说》开头有一篇《芬布尔之冬》。其内容为：在风之冬季、剑之冬季之后，狼吞下太阳、月亮和星星，雪随着暴风落下，接着三个冬天接踵而至，其间没有夏天。"诸神之黄昏"是北欧神话中诸神大战的名字，瓦格纳的著名歌剧也与之同名。研究云中雨滴的形成以及低气压的急速发展的瑞典气象学家托尔·伯杰龙（Tor Bergeron）称，《芬布尔之冬》有可能是从 2800 年前的寒冷化中流传下来的传说。

从迈锡尼时代到雅典和斯巴达时代的服饰和房屋样式的变

化可以得知，在地中海也同样发生了气温降低的现象。从迈锡尼和米诺斯文明中出土的土器以及墙上的壁画中，人们基本上是半裸的，房屋的屋顶也是平的。然而，以雅典为中心的希腊古典时期，人们开始穿着用羊毛做成的保暖服装。屋顶也变成了便于积雪滑落的三角形。

柏拉图著于公元前361年的《对话录》中有如下记载："我们的国家遭到大洪水的袭击，从高地流出的泥沙没有变成淤泥，而是沉入了海底。"这一现象被认为是希腊一带气候的半干燥化所引起的。

有关2800年前此次寒冷化的原因，在诸多说法中，有一种说法相当引人注目。这种说法认为，这次寒冷化是由于太阳活动减弱造成的。阿姆斯特丹大学的地质学家巴斯·冯·盖尔（Bas Van Geel）和汉斯·伦森（Hans Rensen）发表的研究结果表明，在公元前850年和公元前300年前后，曾经两次出现放射性碳同位素比率急速增加的现象（图2-7），由此可以推测当时太阳的活跃程度降低。

边境地区发生的民族迁徙

2800年前发生的寒冷化，影响了整个亚洲。中国的周王朝国政混乱，第10代君王周厉王（推定在位时间为公元前857年到公元前842年）在位期间发生暴动。由于周王逃出都城，

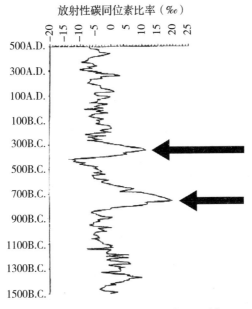

图 2-7　2800 年前、2300 年前太阳活动低下

资料来源：Bas van Geel「The sun, climate change and the expansion of the Scythians after 850 BC」（2004）

周朝的国政由两位王侯主持，之后进入春秋战国时代。在这一中国最冷的时期，平均气温估计比现代要低 2 摄氏度。

　　有一些考古学上的发现似乎证明寒冷的气候还在持续当中。1972 年，在长江以南，湖南省长沙市以东 4000 米处的两个小山丘中发现了三座坟墓，被称为马王堆汉墓。在第一号墓坑中发现了一具 50 岁左右的贵妇人的遗体，一时间世界为之哗然。

　　从第二号墓和第三号墓出土的木简上的日期可以推断，该坟墓建造的时间约在公元前 186 年到公元前 168 年间。一号墓中的女性大约是在公元前 168 年后的数年内被埋葬的，通过解剖遗体发现，在遗体的食道和胃中有大量甜瓜子，可以推断遗体生前是在夏天食用了甜瓜数小时之后死亡的。

遗体身上的衣物共有 20 层之多。长沙市位于华南，从 6 月到 8 月的最高气温超过 30 摄氏度，最低气温也有 20 摄氏度以上。从现在的气候来看，很难想象为什么在下葬时要给遗体穿上那么厚重的衣物。

不仅是马王堆的贵妇人，公元前 140 年前后西汉第六代皇帝刘启的儿子的墓中，遗体身上的衣服也有数层之多。在汉朝，下葬的礼仪严格遵循《礼记》中的规定，并不能因此就断定丧服反映了当地的自然气候。然而，让逝者穿上厚服下葬这一想法，有可能就是在长期寒冷的气候中形成的。

生活在中亚的草原上的游牧民族因为气候干旱，生活难以为继，为了寻找适合放牧的土地往南向中国、往西向多瑙盆地进发。马的驯化时期比山羊、绵羊、牛和猪要晚，到了距今 5500 年时才在从黑海到阿尔泰山的地区被驯化，后来进一步扩散到欧亚大陆内部的草原地区。以游牧民族的迁徙为契机，马大约在 3200 年前被带到欧洲，大约在 2800 年前被带到中国。于是，用马的文化传遍了世界各地。

在欧洲北部，原本生活在斯堪的纳维亚半岛和日德兰半岛的日耳曼人，在由寒冷化而变得湿润的气候下，开始向南方或沿着波罗的海向西方迁徙。气候的变化可以从泥炭地堆积层中所含有的植物推测而知，当时河流泛滥频繁，湿度上升，土壤中所含有的花粉量和杂草的比率上升，农作物的产量减少。他们大量迁徙到下萨克森，将凯尔特人驱赶到了莱茵河西岸。

对于共和时期的罗马来说，日耳曼人是未知的民族。在公元前 113 年，罗马市内流传着这样的传闻："在阿尔卑斯北边住着 100 万人，他们生活在用牛拉动的车上，吃尽农田里的东西。身高超过 180 厘米，金发碧眼，可是小孩子的头发像老人一样白。"

罗马人亲眼见到日耳曼人是在公元前 102 年，日耳曼人南下来到马赛近郊，盖乌斯·马略为了阻止他们，引发了阿克维·塞克斯提埃战争。"日耳曼"这一称谓由希腊学者波塞东尼奥在公元前 80 年前后首次使用，他说："日耳曼人在白天食烤肉，喝牛奶和什么都不加的酒。"

凯尔特人并不是凭借强大的军事力量进入罗马的。在他们后方的日耳曼人也受到来自乌拉尔山脉以东的游牧民族的压力。人们在说到日耳曼民族大迁徙时联想到的都是在 4 世纪日耳曼人入侵罗马帝国时的情景。然而在那之前，文明之间的交错就已经开启了日耳曼人迁徙的序幕。

寒冷时代的意义：社会和国家的重建以及精神革命

在 4200 年前、3500 年前和 2800 年前的三次寒冷化时期，人类社会陷入了混乱局面。那么，混乱对于人类来说仅是灾难吗？的确，埃及的王权一时中断，地中海的大国也灭亡了，由于民族的迁徙还引发了文化间的冲突。然而与此同时，在这些负面影响之外，社会和国家的新架构也得以形成。

在美索不达米亚，3700年前左右诞生了将以往的习惯法进行统合的《汉谟拉比法典》。《汉谟拉比法典》对土地的所有和买卖进行了规定，经济性的交易在地缘血缘社会中的必要性降低。大量的人聚集在同一个地方交换物品，或者是用货币进行买卖，这一意义上的市场直到2800年前以后才在希腊等地发展起来，经过亚里士多德的总结提炼，"经济"这一概念才得以诞生。在交易不断活跃的过程中，西亚各国出现了货币兑换商，在埃及还形成了完整的货币兑换商网络。一般认为，货币是由于强大的货币兑换商为保证小块金银的重量而出现的。历史上最早的货币诞生于2600年前，是小亚细亚的吕底亚王国用砂金铸造的金币。人类社会经过寒冷的时期，组建了更加牢固的社会经济组织。

不仅是政治和经济，由寒冷和干旱所引起的民族迁徙，对人们的精神世界也造成了巨大影响。各个地区的民族相互融合，给新思想的萌发提供了土壤。在这一时期诞生的宗教，得到饱受社会动荡和内乱之苦的民众的狂热支持，起到了打破古老生活习惯和统治体系的作用。

公元前566年释迦牟尼诞生，开创了世界最早的不杀生宗教，在他之后 100 年出生的马哈维拉创建了耆那教。印度北部的农耕民族吠陀人（雅利安人）原本过着半畜牧的生活，将牛作为献给神的祭品，并且也食用牛肉，随着人口的增加，农业的比重提高，逐渐牛只用于农耕，如前所述吠陀人开始禁食牛肉。

在中国，传播儒家文化的孔子（公元前 551 年—公元前479 年）和道教的始祖老子都开始登上历史舞台。犹太教的历史虽然可以追溯到 3200 年前的摩西出埃及之前，然而在公元前 600 年，尼布甲尼撒二世开始在巴比伦抓捕犹太人，这是相当重要的事件。从这一时期开始，犹太人从宗教上被定义为流浪民族。在地中海，希腊哲学的兴盛也是在这一时期，苏格拉底（公元前 469 年—公元前 399 年）和亚里士多德（公元前384 年—公元前 322 年）都在这一时期登上了历史舞台。

可以说除了基督教和伊斯兰教外，当今世界范围内比较普及的大部分宗教和哲学，都是在 3000 年前的数百年间诞生或确立的。相当有趣的是，每次气候寒冷化似乎都会引发人类精神世界的革新，在距离现代较近的那次寒冷化时期，诞生了近代思想［第三篇第 3 章（3）］。

4 日本列岛：气候变动和绳文、弥生时代

从第二篇第 1 章到这里，我们已经对全新世气候最适宜期

结束后的 5500 年前左右开始的四次寒冷化进行了论述。那么，在这些气候变化中，日本列岛的文化受到了怎样的影响呢？

三内丸山遗址繁荣时期的气候变化

在全新世的气候最适宜期，东日本和西日本各自形成了文化圈。从绳文时代前期到中期，东日本被认为是以板栗为主要食物的"板栗·漆树文化圈"，与西日本多吃橡果类的"赤皮青冈利用文化圈"形成对比。橡果类是碾碎后加水去除涩味才能食用，而作为山毛榉科阔叶树属的常绿阔叶树的果实因涩味极少，所以不用去涩味就能成为食材。另外，在东日本可能是因为害怕麻烦，可以直接食用的板栗被广泛接受。

三内丸山遗址存在于 5500 到 4000 年前之间，是青森市北部繁荣的村落。在全国各地无数绳文时代的遗址中，三内丸山遗址是备受关注的村落，前后维持了 1500 年左右，在 35 万公顷的广阔土地上最多生活了接近 500 人，出土的陶器等数量非常多。

三内丸山遗址的村落产生于什么时代，什么时候被废弃，可以通过土中残留的板栗花粉的多寡来判断。根据对三内丸山遗址周边八个地方的调查，在村落出现前的 6500 年前左右，有栗属花粉的地方不到 5%（或 20% 左右），但到 5500 年前村落出现时其数量超过了 80%。另外，枹栎和山毛榉的花粉剧

减，有的地区几乎检测不到。其原因可能是在调查地域的方圆
25 米范围内进行了人工种植的栗树，形成栗树纯林，因为原本
三内丸山遗址就位于八甲田连峰向北延伸的丘陵北端，栗树应
该种植在从台地斜面到大地边缘的区域吧。

居住在三内丸山遗址的人们用石斧砍伐山毛榉类的落叶阔
叶树并种植栗树。调查发掘出的栗树 DNA 序列由于有相似性，
可以看出是有目的地选择了能结出很多果实的树。关于绳文时
代的栗树种植，有使用"半农耕"一词的情况。

为什么在 5500 年前左右，本州北端会形成超过 500 人居
住的巨大村落呢？值得注意的是，这一时期是全新世气候最适
宜期温暖时代的结束，气候缓慢向寒冷化方向转变的转折点。
本州北端的积雪量增加的话，鹿和野猪的数量肯定也会减少。
从三内丸山遗迹发掘出的鸟兽骨头来看，鹿和野猪加在一起还
不到一成，飞鼠、野兔、野鸭类占了总数的六成。这是关东以
北其他绳文时代遗址所没有的特殊比例。

另外，绳文海进这一海平面较高的时代也已结束，三内丸
山遗址北侧的海岸线逐渐后退，人们可以乘船到陆奥湾钓鲔鱼
和青花鱼。从遗址中并没有发现鱼头骨得知，人们是将鱼头切
下，只将鱼身搬运到村落，可见其搬运并非易事。在这样的环
境变化中，可以在冬季保存的板栗成为重要的食物，随着栗树
林的扩大，村落才有可能逐渐壮大。

4000 年前左右，栗树的花粉急剧减少，山毛榉的花粉占

了半数。据推测，人们都离开了三内丸山遗址的村落，但村落里人们消失的原因不得而知。话虽如此，正如前文所说到的那样，4200 年前，美索不达米亚的雷兰遗迹，气候干燥导致环境恶化，同时受到了周边部族的入侵，由此埃及古王国灭亡，被称为"第一中间期"的混乱不断持续。在全球气候变化方面，三内丸山遗址的定居点的废弃是与世界历史上的主要趋势同步的。

本州内陆的绳文中期文化

作为主食的板栗、圆栗歉收，这并不仅仅发生在三内丸山遗址，东日本沿海的村落也发生了粮食危机。在关东沿岸形成村落的绳文人为了寻找橡树林和栗树林，移居到了日本中部山丘地带的八岳山麓和关东西部，并在这些地区形成了内陆型的村落。通过集中利用坚果类，当时的人们成功发展了绳文中期文化，人口也有所增加。通过统计长野县的绳文遗址可以发现，在距今 5000 年之后数量达到了顶峰（图 2-8）。

到了距今 4200 年以后，亚洲东部也遭遇了严重的寒冷化，极东地区的西南季风衰弱。西南季风的衰弱造成日本上空极锋的南移，因此日本列岛的气候变得凉爽而湿润。通过分析尾濑原的花粉可以发现，在 4500 年前，属于针叶林的冷杉、云杉、日本五针松、铁杉等花粉或增加，或突然出现，由此可以推定

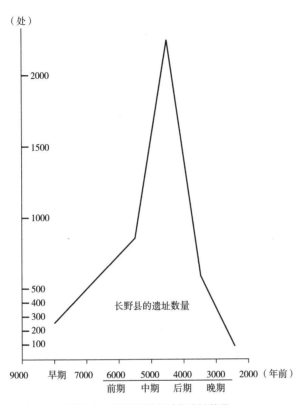

图 2-8　长野县绳文时代遗址数量

资料来源：安田喜宪「世界史のなかの縄文文化」（1987）

在从距今 4600 年开始的 180 年中气温下降了约 1 摄氏度。

　　在中部山岳地带发展繁荣的村落遭遇气候恶化，再加上人口增加，集团在面临环境变化时更加脆弱，到距今 4000 年时绳文中期文化没落。国立民族博物馆的小山修三教授根据遗址数量等对绳文文化的人口进行了推算。根据他的推算，在距今

8000 年时，绳文文化的人口为 2 万人，经过全新世气候最适宜期后，到了距今 5000 年时人口增加到 4 倍，达到 8 万人，并且在距今 4300 年时达到了 26 万人。与之相比，绳文晚期的人口为 7.6 万人，只剩下三分之一。

绳文中期文化的没落，正好与美索不达米亚的苏美尔文明的灭亡和埃及第一中间期发生于同一时期。在这一时代，中国也发生了文明的更迭。良渚遗址、石家河文化、宝墩文化等长江文明在距今 4000 年左右急速衰落，被以仰韶文化为代表的北方黄河文明所取代。尽管有看法认为长江文明的衰落是大洪水引起的，不过恐怕还是与袭击了日本和西亚的气候变化脱不了干系。

文化中心向西日本演进：弥生系渡来人和水田农耕

通过分析尾濑原的花粉发现，公元前 1056 年是日本过去 7000 年间气候变化中最重要的转折点，在那之后，日本的气候开始进入了真正意义上的寒冷化时代。

在气候恶化的过程中，生活在绳文晚期的人类不再通过采集落叶阔叶林的坚果作为食粮，而是在焚烧橡木后的土地上种植粟、荞麦等杂粮和芋头等芋类以及豆类作物。在长野县的唐花见泥炭地中，以 3000 年前为分界点，冷杉和铁杉属植物数量激增，这显示出当时气温低下。另外，枹栎属植物骤减，灌木（冬青属、艾草属）激增，可以推测这是由于绳文人烧毁枹栎林开始火耕农业所致。在冈山等西日本地区也发现了刀耕火种的痕迹。

中国从 2800 年前进入平均气温比现在低 1 到 1.5 摄氏度的寒冷时代。由于亚洲内部干燥、寒冷化，失去生活基础的游牧民族南下，成为造成春秋战国动乱的诱因之一。由于北方民族的入侵，公元前 473 年吴国灭亡，公元前 334 年越国灭亡，长江文明从此后继无人。当时的一部分难民可能乘坐制作的帆船渡海来到了朝鲜半岛和日本。从春秋战国到汉代，曾有多次规模较小的弥生系渡来人移居日本。

弥生系渡来人带着水稻（温带硬稻）和水田农耕技术移居日本。最古老的水田遗址被认为是距今 2930 年左右的唐津市菜田遗址。水田农耕从北九州向近畿地区和东海地区迅速传播并普及。其原因之一被认为是冲积平原出现。在全新世气候最适宜期中，冰盖融解，海面水位上升（绳文海进）。海洋水量增加，由于其自身重量，海底缓慢下沉。然而到了这一时期，原本被压在海底的地幔潜入到陆地下方，沿岸的低地被挤压，因此浮上海面。像这样的地壳收缩被称为地壳均衡。

此外，由于利根川、淀川、信浓川、长良川等大河的泥沙堆积，关东平原、大阪平原、新潟平原、浓尾平原诞生了。在弥生时代诞生的大块冲积平原，成为稻作的绝佳场所。

而且，公元前 4 世纪到公元 1 世纪之间，日本列岛的水稻在普及时正好经历了被称为"弥生暖期"的温暖化，农业生产力大幅提高。从农业技术的传播到冲积平原的形成，自然环境的好转给弥生文化的形成带来了诸多好处。

　　并不是只有弥生人受到了于公元前后长达数世纪的温暖化的恩惠。在欧洲的这一时期，罗马也将版图从地中海扩展到了北部，构建了庞大的帝国。

第3章
罗马的兴衰和其所处的时代

 罗马人的地中海式生活方式是在公元前 2 世纪到公元 4 世纪之间扩散到欧洲的。可以说在这五六百年间确立了西欧延续至今的社会框架。罗马受益于气候的温暖化而创建了罗马帝国，最终又因寒冷期的到来而陷入了混乱。

 在第二篇最后一章将围绕公元前 2 世纪到公元 6 世纪这一段时期，探讨如下问题：

 ● 气候变化是怎样成为罗马帝国兴亡的关键的？

 ● 在罗马陷入混乱的时期中，东亚及日本的政治形势是怎样的？

 ● 历史从古代进入到中世纪的契机是什么？

 并且，本章还将从气候变动的角度审视大国的兴亡。罗马和东汉，君临大洋东西的大国同时陷入混乱，这究竟说明了什么问题？

1 受温暖化恩惠的罗马

从葡萄酒的生产地看帝国的扩张

法国的阿尔萨斯地区和德国的莱茵兰—普法尔茨州的特里尔地区位于两国的交界线两侧，是闻名世界的白葡萄酒产地。这一地区位于北纬50度，临近葡萄商业化栽培的最北端。在这样的地方种植葡萄并最早开始酿酒产业的，是2000多年前称霸地中海、越过阿尔卑斯山的罗马人。

罗马在公元前58年尤利乌斯·恺撒远征高卢后将领土扩大到了欧洲北部，一直到公元4世纪日耳曼人大规模入侵，位于莱茵河西岸的里内斯城被攻陷为止，罗马在将近500年的时间里统治着欧洲大陆中部和西部。葡萄栽培地的扩大，与罗马军的远征有着密切的关系。

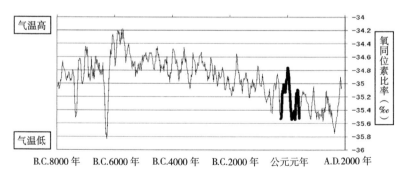

图 2-9 罗马的盛衰和气候变动

资料来源：Greenland Ice Core Chronology 2005（GICC05）

在古书对阿尔卑斯山脉以北的葡萄酒的描述中，记载有公元前5世纪从马赛北上的希腊商人将葡萄酒作为贡品献给凯尔特人族长，族长大为欢喜的故事。罗马人从政治上统治法国和不列颠岛以后，地中海式的生活方式开始扩展到阿尔卑斯以北的殖民地。按照地中海人偏好，啤酒是平民的饮料，葡萄酒则被认为是高贵的，远征军和其后统治被征服领土的官员对葡萄酒的需求量很大。仅凭地中海产的葡萄酒不足以满足需求，因此，罗马人开始在殖民地进行葡萄的生产。

酿造葡萄酒的方法在这个时代发生了变化。就像古希腊陶器一样，代替用罐发酵葡萄，欧洲西部地区开始使用当时用来生产啤酒的橡木桶，从此奠定了现代葡萄酒制法的基础。如今，在葡萄酒品鉴会上，软木塞和木桶的香味也成为评价的重点，葡萄酒现在的味道可以追溯到罗马领土扩张时期。

罗马的温暖期：地中海气团的北上

葡萄栽培地扩展到欧洲的原因，除了罗马人的嗜好和农业技术的传播以外，与延续了数百年的寒冷期结束，气候的温暖化开始也密切相关。美国环境学者卡罗尔·克拉姆勒（Carol Cramley）等人做了有关在罗马统治时期气候变化的研究。通过植物分布和当时的文献可以推测，从距今2700到2500年，欧洲北部的大陆性气团南下到达现在的德国南部、奥地利、捷克、匈牙利、罗马尼亚等地，这些地区被气团覆盖，气候变得寒冷干燥。大陆气团的影响波及意大利北部的波河流域和希腊。另外，大西洋气团所支配的欧洲西北部的法国气候变得凉爽湿润。然而到了公元前300年以后，地中海气团北上，欧洲南部的绝大部分地区都变成了夏天炎热干燥、冬季降水较多的地中海型气候。欧洲内陆的原生植物分布和地中海生植物分布之间很难划出明确的分界线。克拉姆勒大致认为地中海气团一直北上到了法国勃艮第地区北部和欧洲中部的南斯拉夫、匈牙利平原和多瑙河下游一线。

阿尔卑斯山的冰川从2800年前开始扩大，到了2300年前终于开始缩小。气候寒冷化倾向逐渐减弱，温暖时代到来。从气候年代来看，由亚北方期进入了亚大西洋期，直至今日。公元前218年，迦太基的汉尼拔为了打败罗马，率领象军闯过刚刚打开的山口，出现在意大利北部。到了公元前1世纪，恺撒经由几个打开的山口，从南侧穿过阿尔卑斯山，最后征服了整个高卢。

欧洲北部在公元前3世纪以后气候变得湿润，时常有暴雨发生。在公元前120年到公元前114年之间发生在欧洲北部的金布里安洪水就是一个典型的例子。据史料记载，当时北海暴风雨不停，从丹麦到德国的一大片地区的海岸线都向内陆侵入，凯尔特人和日耳曼人不得不向南方迁徙。这一现象显示，产生于北大西洋的低气压的行进路径发生了变化。在恺撒的

《高卢战记》中，也记载了恺撒在登陆不列颠岛之前因为暴风雨不得不稍作等待的事迹。

在罗马的兴盛期中，欧洲东部山岳地带的积雪较少。五贤帝之一的图拉真在进攻达契亚时，于铁门峡（位于南斯拉夫和罗马尼亚接壤处的多瑙河上）上架起大桥一事便足以证明这一气候状况。这座图拉真大桥由大马士革的建筑家阿波罗多罗斯于公元 101 年开始建造，前后耗时 5 年，全长 1153 米，高 27 米。大桥使用长达 170 年，最后在日耳曼人入侵时被毁坏。而近代在同一位置建造的大桥每过几年就会因暴雪导致高地的冰块流入多瑙河而遭到破坏，根本无法像图拉真大桥一样连续使用 100 年以上。

据推测，地中海南部的气候和今天也不一样。因天动说而闻名于世的托勒密记载了从公元 127 到 151 年为止的亚历山大的天气。当时除 8 月以外每个月都会降水，7 月、8 月则十分炎热。这一天气模式属于亚热带气候。现在的亚历山大只有冬季降雨，夏季虽然炎热却有从对岸欧洲大陆吹过来的北风和西风，起到了降低气温的作用。

罗马从共和制向皇帝制过渡的公元前 20 年到公元 75 年，根据格陵兰中部冰层推测当时气候是温暖的，文献也有关于湿润的记录。其原因被认为是太阳活动的活跃和火山喷发的平息。

地中海式农业的扩张和东西方交易的活跃

　　罗马军队在地中海气候下种植的食材在阿尔卑斯以北同样适用。在这一时期，由于温暖化，北方地区也变得适宜这些作物生长，此时几乎整个欧洲的农业形态都变得与罗马一样。到了 1 世纪和 2 世纪，在罗马帝国的城墙之外，日耳曼人也开垦了一些小规模的森林以供耕作。他们在 1 月平均气温为 1 摄氏度的地区栽培燕麦，在 1 月平均气温零下 6 摄氏度的地区则种植一粒小麦①。

　　更加极端的案例是，由于葡萄田扩张到了法国所在的地区，罗马帝国的葡萄酒产量变得过剩。在 1 世纪下半叶，罗马皇帝图密善下令禁止阿尔卑斯以北的殖民地生产葡萄酒。之所以采取这一措施，是因为葡萄酒的生产普及了英格兰和德意志地区，到 3 世纪以后不列颠岛的葡萄酒也可以自给自足了。这样一来，从地中海的进口就减少了，罗马本国，即意大利的生产者因此而举步维艰。这一禁令一直到公元 280 年才由普罗布斯皇帝废止。

　　温暖的气候还使丝绸之路上的交易更加活跃。在中国，从汉武帝开始加大经营西域的力度，到东汉之后，连接长安和罗马的商路变得更加完善。商路的活跃不仅是因为东西两

---

① 小麦属中最原始的栽培种。

个大国之间的物资输送量变大，还因为中亚地区的降水量增加，游牧民族生活水平提高，作为中转站的各个绿洲城市发展壮大了起来。

气候恶劣的日耳曼地区

寒冷和干旱导致粮食不足，进一步引发对当权者的不满和因民族迁徙而产生的冲突。正如前文所述，气候每过50年、100年，或者是以数百年为单位，就会发生一次足以影响历史的大变动。然而，有的时候，仅仅几年的异常天气，甚至是一天的极端的气象现象，也足以改变历史。尤其像战争这样能够在很短的一段时期内决定历史方向的时候，更容易出现极端天象决定战斗胜负的案例。公元9年，在罗马帝国大败于日耳曼人的条顿堡森林战役中，天气成了至关重要的因素。

在第一代皇帝奥古斯都掌权时期，日耳曼尼亚总督瓦卢斯率领3个师团2万大军渡过莱茵河，想要控制日耳曼人居住的地区。在他的构想中，这一役之后，罗马帝国的国境将会延伸到莱茵河以东的易北河边上。

然而，瓦卢斯在入侵德国北部下萨克森州的奥斯纳布吕克郊区时，中了切鲁西部落的王子海尔曼的计谋，被引诱进入了森林。同年9月，罗马军的队伍被拉长到15千米，首尾不能呼应。森林中埋伏有海尔曼率领的1万名士兵。卡西乌斯所著的《罗马史》第56卷中写道，随着激烈的雷鸣，暴风雨到来了，海尔曼趁着恶劣的天气开始进攻。惧怕雷鸣的罗马军乱成一团，再加上是在森林中作战，罗马军所使用的弓和投石器等武器全无用武之地。战争最后以瓦卢斯战死，绝大部分罗马士兵阵亡而告终。

条顿堡森林战役成为历史的转折点。其后几年，罗马军虽然数次尝试渡过莱茵河，最后都铩羽而归。7年后终于抵达了易北河，最后提庇留为了巩固罗马帝国在莱茵河西岸的势力修建了城堡。在这次战争中，偶然下起的雷雨决定了拉丁文化圈的范围，并最终让德国和法国走上了不同的历史道路。条顿堡森林战役在19世纪以后，成为德意志民族主义的象征。1875年，统一德意志联邦的首相俾斯麦在靠近战场的古登堡建造了海尔曼的雕像。

气候恶化中的内忧外患

进入公元2世纪后，欧洲的气候逐渐开始出现寒冷化的迹象。从公元155到180年，阿尔卑斯山夏季平均气温逐渐下降。3世纪初，太阳活动开始减弱。此外，格陵兰岛中部冰盖的硫氧化物含量增加，这表明火山活动非常活跃。

欧洲内陆的气候一旦变得寒冷，包括里海在内，中亚的内陆地区就会变得气候干燥，降水减少。从公元205到295年，挪威西部的冰河规模扩大，里海的水位下降，亚洲内陆地区的气候变得干燥。这次干旱不仅让商路衰退，还引起草原沙漠化，毁掉了游牧民赖以生存的根基。

而内陆地区的气候变化，又成为日耳曼人大迁徙的契机。在公元 2 世纪下半叶以后，企图攻破莱茵河沿岸的罗马城墙并入侵罗马领土的日耳曼人，原本并不是生活在罗马附近。日耳曼人是由哥德人、勃艮第人、萨尔马特人等居住在德国东北部靠近北海地区的部族向西南方向迁徙时所自发结成的团体。

到 4 世纪后半叶，游牧民族匈奴出现在欧洲东部，被夺走土地的哥德人和汪达尔人被迫跨过莱茵河和多瑙河，流落到罗马帝国。当时的历史学家阿米阿努斯也指出，匈奴才是引起混乱的根源。匈奴原本生活在蒙古高原，其中的一部分向西前进，越过哈萨克斯坦后出现在欧洲。在亨廷顿的著作《亚洲的脉搏》中提到，匈奴的西进是由内陆的干燥化所引起的。以此为契机，游牧民族好像互相碰撞的珠子一样开始逐个向邻近区域迁徙。

罗马帝国的衰亡，一般教科书中将乱立皇帝、民众的阶级化以及佃农制的扩大等归结为内因，而将蛮族的入侵作为外因。这一类观点认为日耳曼人的威胁是一直都有的，只要内政良好，罗马帝国就不至于遭到日耳曼人的蹂躏。然而，如果在思考这一问题时考虑到气候变化这一要素，那么对于理解当时的形势会有很大的帮助。

总而言之，到 4 世纪以后，由于周边地区民族大迁徙更加活跃，罗马帝国不得不举全国之力以应对日耳曼人，而且同一时期首都罗马等地自然灾害频发，地中海一带农作物歉收，经济活动衰退，罗马帝国每况愈下。通过观察阿尔卑斯山麓的采尔马特的植物年轮可以发现，一直到公元 300 年下半叶，欧洲的气候都还相对安定，到了公元 400 到 415 年左右气候的变动开始剧烈，寒冷化的征兆也变得越来越明显。

罗马所面临的内忧外患，是由当初孕育这个国家的温暖气候变得寒冷所致。

2 东亚的混乱

东汉灭亡和倭国大乱

在罗马开始遭受外族入侵并为自然灾害而头疼的公元 2 世纪后半叶，东亚诸国也面临着洪水和干旱频发、气候变冷所引起的政局混乱。中国在公元 100 到 150 年以及公元 250 到 340 年之间，两次出现洪水，干旱频发。在东汉，从公元 144 年开始汉冲帝和汉质帝两位年幼的皇帝相继即位。与此同时，以内蒙古为据点的北方民族鲜卑的劫掠，使东汉遭受沉重打击，国家岌岌可危。此时，太平道受到农民的支持，教祖张角于公元 184 年发动黄巾起义，以此为契机，东汉在公元 220 年灭亡，进入了魏、吴、蜀三国长时间鼎立的分裂时代。

进入 3 世纪后，气候依然寒冷。据史书记载，公元 225 年淮河曾经冻结成冰，据此可以推测公元 280 到 289 年间的平均气温比现在低 1 到 2 摄氏度。史书中有这 10 年"连年谷麦不收"的记载。

不仅是中国，朝鲜的气候也明显恶化。据《三国史记》所载，从公元 150 到 200 年朝鲜寒冷多雪，和高句丽的抗争也越发激化。

"倭国大乱"是中国史书对日本内乱的叫法，从年代上可以分为两次。第一次是《后汉书·东夷列传》中所记载的："桓灵间，倭国大乱，更相攻伐，历年无主，有一女子名曰卑弥呼……于是共立为王。"其年代为桓、灵即位的年代，即公元 147 到 189 年之间。第二次记载于《魏书·倭人》中，第一次的战乱虽然以卑弥呼登场而告终，然而在其死后，"更立男王，国中不服，复立卑弥呼宗女壹与，国中遂定"。这一次的动乱是围绕卑弥呼继任者的斗争，其年代约在公元 240 年。

遗址中发现的战争痕迹

包括吉野里遗址在内，在弥生文化中期以后的遗址中发掘出来的人骨，许多都有矢石造成的伤痕，或是头部不全等现象，由此可知在公元 2 世纪后半期日本战乱激化。

从遗址中出土了大量矢石、石匕和石枪，从矢石的大小来看，它们已经从狩猎工具转变成了武器。矢石作为箭头，如果以狩猎鹿和野猪为目的，2克左右的轻石较为适用，从绳文时代以后的很长时期内出土的矢石都是这个尺寸。然而到了弥生时代中期以后，开始出现2克以上最大到5克的对人使用的杀伤性矢石，甚至金属制的箭头也出现了。

在从大阪湾一带到濑户内周边的地区，高地性村落也是从弥生时代中期形成的。所谓的高地性村落，是指位于视野较好的高地和丘陵，并在周围设有栅栏和壕沟等的村落，并建有像堡垒一样的军事性防御工事。从水田耕作的角度来说，村落位置选在低地更加合理。之所以在西日本形成了高地性村落，是由于在原本容易开垦的耕地减少的情况下，从公元1世纪后半叶开始气候逐渐恶化，围绕土地和水利村落之间的斗争更加激化。

气候的恶化还引起了低地的湿地化。在从位于河内平原的旧大和川流域地表下4米处发掘出来的瓜生堂遗址中，公元前后的100年间是最繁荣的时期，在遗址中发现了70座方形周沟墓，村落的规模相当大。然而，其后却因为周边地区沼泽化而被遗弃了，村落中的居民分散成一个个的小型村落向南部或高地迁徙。

一般来说，倭国大乱被认为是日本在国家统一过程中的部族之间的斗争。战斗规模也不过是部族或者是部族联盟之间的冲突。然而，不得不注意的是，这些争斗发生的时期与整个东亚发生政治动乱的时期相同。对尾濑原泥炭层的花粉分析显示，公元 246 年以后出现了寒冷化的倾向，而对日本海南部的海底沉积芯的分析显示，公元 270 年时气温下降的幅度有可能比公元 14 世纪以后中世纪寒冷期的幅度更大。

古坟时代的大量移民

在 5 世纪的古坟时代，东亚也出现了寒冷化倾向。阪口丰教授将这一时代到飞鸟时代命名为"古坟寒冷期"。在这一时期也有大量的人口从大陆来到日本。与 2800 多年前的弥生系渡来人一样，由于大陆的自然环境恶化，不得不离开大陆的难民被迫来到日本的情况再次出现。

在《日本书纪》中记载，崇神天皇即位后不久疫病就开始流行，可以推测这是由各民族进入日本所带来的。此外，在《古语拾遗》中记载，在 4 世纪末应神天皇时期"秦勤工祖弓月，率百二十县民归化"，很容易让人联想到大量外来人口从百济来到日本的情形。

现在日本的人口为 1 亿多，在一般人的印象中，当时即使有难民来到日本，其规模也不过数万人，比例并不大。然而，根据小山修三教授的人口推算［第二篇第 2 章（4）］，绳文晚期的人口为 7.6 万人，到了弥生时期大幅增加到 60 万人。新增人口的绝大部分可能都是来自大陆的移民。与其说是少数掌握了新技术的外来人口迁徙到了日本，不如认为是人数众多的集团数次渡过海洋，来到了人口稀疏的日本。

3 "谜之云"带来的古代终结

世界各地的文献中记载的大饥荒

在《日本书纪》第18卷中记载着相当奇异的内容。

> 宣化天皇一年五月诏
>
> 食者天下之本也。黄金万贯，不可疗饥。白玉千箱，何能救冷。
>
> 三国囤仓，散在悬隔……聚建那津之口，以备非常，永为民命，令知朕心。

在公元536年5月的这篇诏书中，宣化天皇称："粮食为天下之本。黄金万贯不能解饥饿。白玉千箱不可御寒。食粮仓库太过遥远。将粮食聚集在那津之港，以防不备，作为人民的救命之粮，速速传令各郡县。"其内容显示当时发生了严重的粮食短缺，情况十分紧迫。从公元536年开始的异变，不仅在《日本书纪》中，在全世界超过30部以上的文献中都有相关记载。

在东罗马帝国将军贝利萨留的秘书官普罗科匹厄斯所著

的《汪达尔战记》中记载，公元 536 年的冬天"停留在迦太基，出现了让人惊恐的征兆。之后的一整年，太阳失去光辉，衰弱得如同月亮一般。太阳难以看清，仿佛发生了日食。在那以后，人人都死于战争和疾病"。

在意大利，卡西奥多鲁斯 [①] 记录道，从公元 536 年的夏末开始，太阳不再像以往一样明亮，变成蓝色，即使在正午也无法照射出清晰的影子，月亮即使在满月时也没有往常的光亮。艾菲索斯 [②] 的约翰内斯（Johnnes）所著的《教会史》第 2 卷中写道："太阳变得阴暗，一直持续了一年半。太阳每天只照耀大地 4 小时。人们惶恐万分，担心太阳再也不会像以往一样照耀大地。"在东罗马帝国的首都君士坦丁堡，斯科拉提克斯在史书中写到白天太阳变暗，晚上月亮也变暗的情形。

日本之外的地区也随着天候的异变发生了饥荒。南北朝时期的中国，据《北史》记载公元 536 年 9 月各地降冰雹引起大饥荒，《南史》中记载称公元 537 年 7 月天气严寒，8 月还有大雪飘落。其后的天气持续异常，《北史》记载在公元 548 年发生干旱，《南史》中记载公元 549 年、550 年发生饥荒，长江南岸人食人。

天候的异变不仅在古代文献中留下了记录，还在世界各地

---

① 卡西奥多鲁斯（约公元 485—580 年）：古罗马政治家、学者、僧侣。以管理维瓦留姆修道院图书馆闻名。曾在东哥特王国任要职。

② 一般指以弗所，土耳其古城，是古典早期最重要的希腊城市之一。

的植物年轮中留下了痕迹。从年轮来看，这一次的气温降低比1815年坦博拉火山喷发所造成的气温降低更为严重。从斯堪的纳维亚的栎树和加利福尼亚州白山的芒松年轮可以推算出，当时的气温降低了0.5摄氏度（图2-10）。西伯利亚的卡坦加的松树在公元530到540年左右的十几年中，生长速度与过去1900年相比极其缓慢。

在南半球也同样发现了气候的剧烈变化。塔斯马尼亚岛的针叶树在公元546到552年之间几乎没有生长，因此可以推定这一时期的气温在整个6世纪中是最低的。通过分析智利的菲茨罗伊杉的年轮可以发现，在从公元535到537年之间气温急剧降低，并可以推定公元540年的夏天是在过去1600年中最寒冷的夏天。除此以外，通过分析秘鲁的恰卡塔雅冰河的冰芯可以得知，在公元540到570年之间，因干旱当地发生过强烈的沙尘暴。

气温急剧下降的原因是什么

全世界气候剧变的背后，到底发生了什么？在公元536年前后的18个月之间，从罗马到中国都被"谜之云"所覆盖，太阳暗淡的原因是什么？美国国家航空和航天局（NASA）戈达德航天中心的气象学家理查德（Richard）于1984年在科学杂志《自然》上发表有关6世纪气候变动的文章之后，世界各

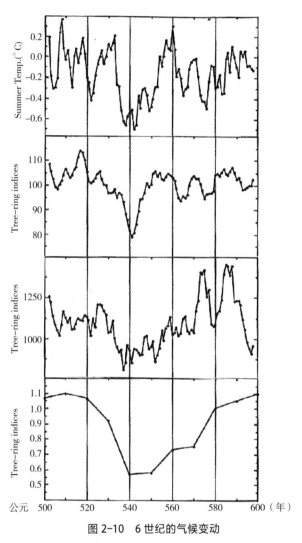

图 2-10　6 世纪的气候变动

注：从上至下依次是斯堪的纳维亚半岛夏季平均气温（5 年），欧洲的橡树
　　年轮，加利福尼亚州白山的芒松年轮，加利福尼亚州内华达山脉狐尾松的
　　年轮。

资料来源：W.Burroughs「Climate Change Second Edition」（2007）（原典はBaillie 1995）

国都对其作出了研究。

其中，较为有力的观点认为所谓"谜之云"是浓密的尘埃散布在大气中所形成的，其成因有可能是巨大的火山喷发，或者是外来天体撞击地球。在中国的史书《南史》中，记载着从公元535年11月中旬到12月下旬，"黄色的尘埃像雪一样从天而降"，让人联想起火山灰落下的情景。如果是巨大的火山喷发的话，空气中应当会残留大量的硫酸盐气溶胶。不出意料，在格陵兰岛的冰芯中，发现在这一时代有酸性雪。

气溶胶是指在大气中以细微灰尘的形态浮游的微小粒子，又被称为浮游粉尘或大气粉尘。因燃烧矿化石燃料而人为产生的气溶胶被认为是影响地球平均气温的重要因素。然而，在气溶胶中，因沙尘暴和森林火灾、海面飞沫、火山灰等自然现象产生的比例相当大，占全体的九成以上。由于气溶胶是水蒸气凝结时的核心，在雨滴形成的过程中起着重要的作用。

巨大的火山喷发对气温有正负两方面的作用。火山喷发所释放出的二氧化碳由于是温室气体，可以引起气候的温暖化。与此同时，火山灰所产生的硫酸盐气溶胶散布在大气中，到达平流层后会破坏具有很强温室效果的臭氧层，从而导致寒冷化。

尽管如此，影响最大的还是浮游在平流层，由气溶胶所形成的厚达20到50米的云层。这一云层反射太阳射线，像阳伞一样阻断了地球整体的日照。由于地面上的日照量减少，气候开始变得寒冷，这一过程被称为阳伞效应，即"火山之冬"。

巨型火山喷发到底是在哪里？近年来，有证据证实位于中美洲萨尔瓦多正中央的伊洛潘戈湖的可能性很高。这个破火山口湖的面积为 72 平方公里，比十和田湖稍微大一些，据推测喷出物为 84 立方公里，在过去的 8000 年间是屈指可数的。根据放射性碳定年法，火山喷发的时期有两次，分别是公元 150 至 370 年和公元 408 至 536 年。

世界最早的腺鼠疫（黑死病）[①] 大流行

大量的气溶胶在大气中滞留，引起了日照时间的不足和气温骤降，不仅导致了农作物歉收的大饥荒，而且源自非洲东部的腺鼠疫给地中海，乃至欧洲西部都带来了巨大的灾难。腺鼠疫最早袭击欧洲就是在这个时候。古希腊伯罗奔尼撒战争时期以及罗马王政时代早期都留下过腺鼠疫的记录，然而现在普遍认为当时所发生的不是腺鼠疫，而是天花。

公元 541 年 7 月，人们在尼罗河三角洲的贝鲁西亚贸易中转港发现了第一个感染者。鼠疫杆菌原本属于老鼠，通过跳蚤传染给人类。老鼠是从哪里来的？宗教学家、历史学家约翰内斯认为源自埃塞俄比亚。

---

① 又称鼠疫或淋巴腺鼠疫，一般俗称为黑死病，是一种存在于啮齿类动物与跳蚤身上的一种人畜共通传染病。

不管原产于哪里，如果天气异常而发生干旱，作为老鼠的天敌，大型哺乳动物数量就会减少。因此老鼠的数量增加，栖息地从山野扩大到人类居住的地方。然后，潜伏在象牙货船上的老鼠经由埃及北部的亚历山大港，于541年将鼠疫带到君士坦丁堡。第二年，鼠疫蔓延到了巴尔干半岛和西班牙。

普罗科皮乌斯记录，君士坦丁堡每天有多达1万人死于疾病，甚至皇帝查士丁尼一世（483—565年，在位527—565年）也患有鼠疫。约翰内斯在君士坦丁堡目睹了大量病死的尸体被抛入海中，却报告说人们在农村地区失踪了。

东罗马帝国在查士丁尼一世的统治下进行改革，并将其领土从北非扩展到意大利半岛。公元536年贝利撒留将军收复罗马城。圣索菲亚大教堂历时6年在君士坦丁堡落成，公元537年举行了献堂仪式。查士丁尼一世正处于通往光荣的道路上。但这时，地球另一侧的巨大火山爆发，引发了意想不到的瘟疫，东罗马帝国面临着人口减少的问题。除了天灾别无他因。瘟疫导致农村人口减少，这是致命的，由此带来的税收剧减导致国家陷入严重的财政赤字。所以，从公元542到543年，实施减少贵金属含量的货币改铸绝非偶然，而且国家已经没有维持军队所需的财力了。

由"火山之冬"所引起的寒冷化和干燥化，给欧亚大陆内陆草原地带的游牧民族带来了巨大的打击。柔然人改良了马的品种，经其改良的品种一直延续到现代，成为现代马，并且他们还开发出了马镫等马具。他们受到同为游牧民族的突厥的驱逐，不得不向西前进，来到欧洲平原，成为东罗马帝国的一大威胁。尽管东罗马帝国一直到 1492 年奥斯曼土耳其的穆罕默德二世攻下君士坦丁堡为止还延续了 900 年，然而自查士丁尼的疫情之后，国力再也没有恢复过。

腺鼠疫一直扩散到欧洲西部，在法国，公元 543 年在阿尔勒、公元 571 年在里昂都出现了大规模死亡的现象，并且还进一步登陆了不列颠岛。公元 549 年，与罗马交易频繁的凯尔特人所居住的不列颠西南部也开始大规模流行。

历史进入崭新的一页

就这样，作为历史的转折点，古代时期迎来了它的终点。

因腺鼠疫而国力衰弱的东罗马帝国丧失了霸权，领土急速缩小。在中东地区，干旱频发，人们放弃了从美索不达米亚文明开始而一脉相承的灌溉系统，大量农地被废弃，波斯萨珊王朝统治下的社会日渐动荡。在这一背景下，7 世纪开始穆罕默德开始传播充满末世情结的伊斯兰教，伊斯兰帝国很快将势力范围从中东扩展到了非洲北部和伊比利亚半岛。

在欧洲西部，今天的法国和英国的雏形也是在 6 世纪下半叶形成的。"法兰西"这一名字，取自日耳曼民族中的法兰克部族，这一部族在公元 573 年控制了包括布列塔尼和普罗旺斯在内的法国，并创立了梅罗文加王朝。梅罗文加王朝选择北部的巴黎作为其首都，而这一地区与从罗马帝国时期的主要据点发展而来的阿尔勒和里昂不同，这里并没有受到过腺鼠疫的侵扰。

6世纪初，不列颠岛东部的盎格鲁—撒克逊人与西南部的凯尔特人分离了。发生于6世纪下半叶的腺鼠疫在与地中海等地区交易频繁的西南部都市大肆流行，在凯尔特都市中，人口大幅减少。与此同时，东部的盎格鲁—撒克逊人得以韬光养晦，最后将势力范围拓宽到了不列颠全岛。现在，人们谈到英国时指的都是盎格鲁—撒克逊国家，凯尔特文化仅作为地方性文化残留在威尔士一带。

将视线放到东亚，北周将军杨坚在公元581年接受禅让，登上皇位，隋朝诞生，到公元589年南朝陈国灭亡，中国终于在黄巾之乱之后时隔300多年重新完成了统一。

关于佛教传入日本（公传）① 的时间有好几种说法。其中最有说服力的是《上宫圣德法王帝说》和《元兴寺伽蓝缘起并流记资财帐》上所记载的戊午年渡来的语句，其年份可以推定为公元538年（宣化三年）。佛教传入日本的契机，是百济的圣明王向日本朝廷派遣布教团，并给日本送去了金铜制的释迦佛像一尊，佛像所用的天盖、经论若干卷，此外还有赞颂佛教

---

① 佛教公传：主要相对于佛教的民间传播而言，指的是以国家官方为主体进行的传教活动。

功德无量的上表文。

从《日本书记》中所记载的公元 535 年 5 月的饥荒来看，当时因为天灾而困顿不已的大和朝廷，确实存在新兴宗教发展壮大的土壤。在那之后，日本历史上发生了苏我氏和部物氏之间的崇佛论争，并最终发展成了战争。然而，毋庸置疑，日本作为佛教国的历史，是从"谜之云"造成的天候异变不久后开始的。

就这样，世界史上的年代区分，从古代进入到了中世纪。在日本史中，佛教传入日本后，主角成为大和朝廷，教科书上的内容也在这里开始进入新的篇章。从公元 535 到 536 年，世界某地的巨大火山喷发所带来的"谜之云"引起了气候的异变，并因此给古代历史拉下了帷幕。

第三篇

中世纪·近代：
气候变化改变了历史

第 1 章
中世纪温暖期的繁荣

从 9 到 13 世纪，世界各地的气温上升。这一时期被称为中世纪温暖期（MWP：Medieval Warm Period），或者是中世纪气候异常期（MCA：Medieval Climate Anomaly）。

在这一章中将探讨以下内容：

- 中世纪前半部分的气候真的很温暖吗？
- 温暖的气候给欧洲带来了怎样的经济发展？
- 气候温暖化给不同地区所带来的，并不都是恩惠。靠近赤道的地区不得不忍受酷暑之苦。对于南北温差很大的日本来说，温暖化给各地带来的影响又是怎样的？

本章问题主要围绕中世纪温暖期的历史。在这一时代，维京人移居到了格陵兰岛。格陵兰岛上的生活是怎样的呢？

1　发现温暖时代

欧洲古文书中的发现

　　中世纪气候温暖的这一假说，最早是在研究欧洲古代文献的过程中被提出的。最早人们注意到的是欧洲北部地区和山岳地带的葡萄田分布。公元 817 年，卡尔大帝下令在莱茵高的南坡种植雷司令等改良品种，从此葡萄的栽培开始在莱茵河东岸向北方地区扩张。葡萄田的分布在公元 937 年到达图灵根，1050 年到达易北河畔，然后在 1128 年到达了北海沿岸的波美拉尼亚。从地理学上来说，当时的葡萄栽培的北边界与 20 世纪相比，向北扩张了 300 到 500 千米。

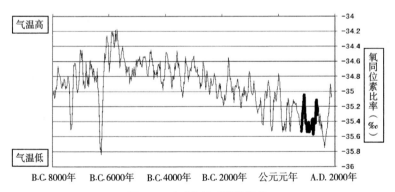

图 3-1　中世纪温暖期的繁荣

资料来源：Greenland Ice Core Chronology 2005（GICC05）

从德国的耕作地高度来看，现在的界线是海拔 560 米，然而当时在海拔 780 米的高地上仍然有耕作地。其海拔差高达 220 米。海拔每升高 100 米气温就会降低 0.6 摄氏度，由此可以推测中世纪温暖期的气温比现在要高 1 到 1.4 摄氏度。有人可能会说这是由于葡萄的品种存在差异，然而很难想象中世纪葡萄的耐寒性会比今天经过长期改良的品种更好。此外，还有一些观点认为，现代的葡萄出于商业上的考虑不会在高地栽培，事实上，今天为了种植用来酿制含糖量较高的白葡萄酒所用的葡萄，还是需要注意霜冻伤害并进行高地培育。

到公元 1200 年前后，欧洲中部高地的森林线比现在高 150 米，在不列颠岛，森林向北扩散到了苏格兰北部。英格兰南部 5 月不再有霜降，在禁止从法国进口葡萄酒之后，葡萄的栽培范围也扩大了。现在，通过航拍和发掘调查，依然可以在 7 个地区找到当时所种植的 4000 株葡萄的踪迹。到 14 世纪气候再次变得寒冷时，这些在不列颠岛的葡萄田除了用于教会等宗教用途之外，几乎全部消亡了。

不仅是葡萄田，奥地利的上陶恩山等地的金矿在古代就曾被采掘，其后由于冰河规模的扩大而不得已被废弃，到中世纪温暖期之后又再次可以采掘。这可能是由欧洲大陆内部的高气压向更加靠近北极的地方移动，阿尔卑斯山麓的降水量减少，从 10 到 11 世纪初期开始出现干旱所致。在阿尔卑斯规模最大的阿莱奇冰川地区不再有可供利用的冰雪融水，人们从高处修建了到山谷的水路。由于气温的上升，之前被冰河封锁的矿山再次可以采掘。这些矿山到了寒冷化的14世纪，由于地下水水位升高，开采变得困难，不得不再次关闭（图3-2）。

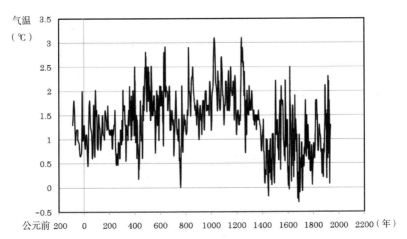

图3-2 根据澳大利亚斯班格尔洞窟石笋氧同位素含量推算的气温变化

资料来源：Mangini et al.（2005）

世界各地的古气候分析

气候温暖化的证据不仅在欧洲，在世界各地也多有发现。在美国东岸靠近纽约市的哈得孙河下游的皮尔蒙特湿地的堆积物中，发现了公元800到1300年之间出现过干旱的痕迹。在公元800年之前的堆积物中有大量喜好湿润气候的山毛榉花粉，到了公元800年之后，山毛榉的花粉减少，取而代之的是喜好干燥环境的松树、核桃树等植物的花粉。到了公元 1300 年以后，鱼鳞云杉和毒芹花粉所占的比例升高，喜好湿地的植物的花粉再次变多了。在落基山脉西侧的加利福尼亚东部，位于内华达州和犹他州之间的大盆地的树木年轮和从湖底采取的木炭分析都证明，公元 900 到 1300 年之间的 400 年内发生了严重的干旱，当地在很长一段时间内都维持着干燥的气候。

通过分析加勒比海的藻海海域的海底沉积芯发现，1000 多年前的海水温度比现在高 1 摄氏度左右，通过分析华盛顿东岸堆积物中有孔虫[①]等含有的镁和钙可以得知，公元 450 到 1000 年之间北大西洋较为温暖，海水温度的变化也较小。

温暖化的倾向不仅出现在欧美中纬度地区。通过分析阿拉斯加的冰芯可以得知，公元 850 到 1200 年之间的这段时间与公元 1 到 300 年以及公元 1800 年以后一样，都是相对温暖的年代。此外，在南极半岛东部的布兰菲尔德海盆采取到的海底沉积芯，尽管长达 1000 年的堆积物被压缩到只有 87 厘米厚造成分析困难，然而通过对其中有机碳和生物体中的硅进行高清分析，还是得到了中世纪温暖期和气候寒冷化的证据。

如上所述，从古气候的分析中得知在中世纪地球整体的气候都变得比较温暖。其原因在于太阳活动的活跃化，以及在公元 900 到 1300 年之间有很长一段时间都没有大规模的火山喷

---

① 是一类古老的原生动物。

发。尤其是太阳活动，IPCC 第四次评估报告对过去 1200 年的太阳辐射强度进行了推算，结果发现中世纪温暖期太阳活动十分活跃，基本与 20 世纪不相上下。

比现在更温暖吗

科学界在中世纪温暖期是否比现在更温暖这一问题上存在争论。这一争论，不单纯关系到两个时代的气温孰高孰低，还牵涉 20 世纪以来的地球温暖化是否是人为造成的这一议题，因此情况变得相当复杂。如果中世纪温暖期的气温比现在高，并且是因太阳活动的活跃化所引起的，那么就有可能导向一个结论，那就是 20 世纪的地球温暖化，比起人为因素来，以太阳活动为中心的自然因素更加重要。

中世纪温暖期这一概念是从休伯特·拉姆（Hubert Lamb）于 1965 年所著的论文中诞生的。拉姆从西欧的古文献记录中发现，在公元 1100 到 1200 年之间西欧出现了干燥的夏季和不太寒冷的冬季，并由此推论当时的平均气温比公元 1900 到 1939 年高 1 到 2 摄氏度。这是中世纪存在比现在更温暖［拉姆的原话是 "Medieval High"（中世纪高温）］的阶段这一论点的开端。

在那之后，从树木年轮到冰芯分析，用其他各种代替资料对古气候进行再现的技术得到飞跃性发展。但是虽然研究成果不断出现，可是对于中世纪温暖期和现代到底哪个更温暖这一问题的结论，却莫衷一是。加拿大北部的湖底沉积芯、格陵兰的冰芯、瑞典北部和乌拉尔山脉北部的年轮分析都显示中世纪温暖期要更加温暖，与此同时西伯利亚北部的泰梅尔半岛以及蒙古的年轮分析则显示现代更加温暖。

IPCC 第四次评估报告中的中世纪温暖期

IPCC 在以往的四次报告中，对于中世纪温暖期以及紧接其后的被称为小冰期的寒冷时期的看法，每次意见都有所不同。在 1992 年的第一次评估报告中，IPCC 对过去 1000 年间气候变化的说明仅用了不到一页。在这次报告中，IPCC 将小冰期视为全球性的气候现象，都没有谈及中世纪温暖期。

到 1995 年的第二次评估报告，IPCC 列出了通过各地的冰芯分析而再现的从 1200 年开始的气温变动图表，并承认全球性温暖和其后的寒冷化。不过，同时又在注意事项中指出对中世纪温暖期的分析是有局限的，并不是明确论断。

然而 2001 年的第三次评估报告中，IPCC 却一举将中世纪温暖期和小冰期归结为地域性现象，不再承认它们是北半球、南半球规模，或者是地球规模的气候现象，并在报告中登载了一张图表，这张图表看起来过去 1000 年间的气候变动并不明显，而进入 20 世纪后气温显著上升。如图 3-3 所示，这一形似曲棍球棍的折线图是由年轮分析专家迈克尔·曼（Michael

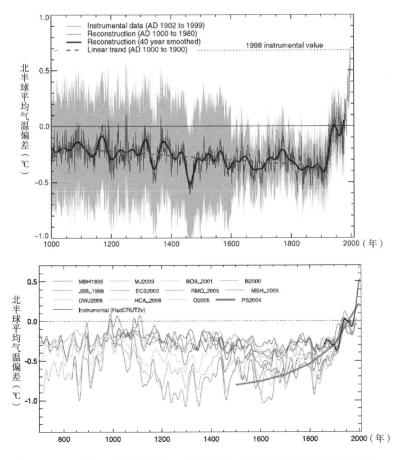

图 3-3　IPCC 第三次评估报告（上）和第四次评估报告（下）中的平均气温
　　　　变化（1961 年与 1990 年比）

资料来源：上：IPCC 第 3 次評価報告書 Figure 2.20
　　　　　下：IPCC 第 4 次評価報告書 Box6.4

Mann）挑头制作的。然而，这一图表由于数据处理的方式不当和还原程度欠缺等问题，受到诸多质疑，这些质疑最终升级成了被称为"曲棍球棍争论"的激烈争论，甚至美国议会为此还召开过听证会。2006年，迈克尔·曼等人在《自然》杂志上发表文章，在坚持分析方法没有错误的同时，承认如果没有大范围高精度的分析，就无法得出值得信赖的确切答案。

到2007年的第四次评估报告时，虽然收录了迈克尔·曼的曲棍图作为参考，却将其他大量的古代气候的分析结果换成了点状图。新的图表显示，在过去的1000年中，地球的气温变化绝不是稳定的。不过报告认为分析的结果存在地域性的差异，无法证明全球各地曾经同时出现温暖化或寒冷化，此外还沿袭了许多第三次报告中的说法。与此同时，报告明确指出中世纪温暖期要比17世纪、18世纪、19世纪更加温暖，并开始承认在过去1000年中气候存在很大的变化。至于中世纪温暖期与20世纪的对比，报告则认为："20世纪之前最温暖的时期很可能是公元950到1100年之间。不过，当时的平均气温与1961到1990年相比可能低0.1到0.2摄氏度，与1980年之后相比明显要更低。"

1980 年后比中世纪温暖期更温暖

围绕中世纪温暖期与现代到底哪个更温暖所展开的争论一直持续到了现在。特别是有观点认为，中世纪的温暖化并不只是发生在北半球中纬度地区的欧洲。需要注意的是，休伯特・拉姆在提出中世纪温暖期这一概念，并指出当时的气温比"现在"要高 1 到 2 摄氏度时所说的"现代气温"指的是从 1900 到 1939 年西欧的平均气温。尽管 20 世纪初正是气温逐渐升高的年代，当时的平均气温与 1961 到 1990 年相比还是低了约 0.3 摄氏度。

考虑到 20 世纪的 100 年间，全球平均气温上升了 0.78 摄氏度，可以很自然地得出 20 世纪整体的平均气温与中世纪温暖期大致处于同一水平这一结论。进一步来说，如果单独考虑 20 世纪 80 年代以后的气温变动，与中世纪温暖期相比，现在的温暖化趋势则更加明显，这一观点已经成为现阶段的一个共识。而且，关于人为的温室气体是造成全球气温显著上升的重要因素这一说法，也是从 80 年代开始的。

此外，在中世纪温暖期遍布不列颠岛的葡萄田到 1950 年以后再次出现，并开始生产高质量的白葡萄酒。这实际上也佐证了 20 世纪中期的平均气温与中世纪温暖期大致相同这一观点。

2 欧洲人口的增加与哥特式建筑的兴起

荒地的消失

在中世纪温暖期，北大西洋洋流的强度增加。北大西洋洋流在地球整体出现温暖化倾向时强度就会增加，并将热带地区的热量更多地输送到欧洲。不光是洋流的循环得到了强化，位于北大西洋的高气压团转移到了德国北部和斯堪的纳维亚半岛南部。作为其结果，位于高气压西侧的欧洲西北部也开始有从大西洋而来的温暖海风吹入。

在这样的自然环境中，欧洲各国在经济发展上都取得了一定程度的成果。挪威从公元800到1000年之间砍伐森林，扩张农庄，到公元880年时就已经将大麦田扩展到了北纬65.5度峡湾地区的马朗恩峡湾。

在不列颠岛，高地耕作得到了前所未有的发展。在靠近苏格兰国境的英格兰东北部的诺森伯兰郡海拔300到320米地区，英格兰西南部的达特穆尔高地海拔400米的地区皆有开垦，到了公元1300年，苏格兰西南部的凯尔索修道院在海拔300米的地区进行农耕。这些高地地区无一例外在20世纪都不可能进行农业活动。公元1280年在苏格兰的诺森伯兰郡，还曾留下由于农耕地占用高地，挤占了牧草地，牧羊人提起诉讼的记录。

中世纪的欧洲是一个依赖农业的社会。公元 1000 年左右，1 平方公里的农田可以养活 20 到 30 人，为了应对人口的增长需要砍伐森林，将其变成田地和牧场。法国在公元 800 到 1300 年间森林面积从 3000 万公顷减少到 1300 万公顷，森林面积减少到仅为国土面积的四分之一。德国乃至中欧地区的森林面积占比从公元 900 年左右的 70%，到 1900 年减少到仅为 25%，这样大面积的森林采伐成为中世纪温暖期的一个特点。

在法国南部面临地中海的朗格多克地区，修道院和圣约翰骑士团在公元 1050 年以后开始允许以开垦为目的采伐树龄在几百年以上的树木。此外，教会的地皮上开垦出来的地区还建有村落。

在欧洲东部，易北河以东的荒地变成了农田。易北河以西的殖民地不断扩张，在公元 1186 年到达波罗的海沿岸的利沃尼亚（爱沙尼亚），公元 1201 年北上到达里加（拉脱维亚），内陆地区则在公元 1240 年从奥得河流域延伸到了西里西亚。这一时期新开垦的农地面积相当于德国国土的 3 倍，结果欧洲东部再也没有可供开垦的土地了。

欧洲的人口增长

由于农地的扩大和经济的发达，整个欧洲的人口急速增加。据推算，欧洲的人口在公元 500 年左右约为 2750 万，其后由于发生了第二篇第 3 章中所提到的腺鼠疫，到公元 650 年时人口减少到 1850 万。然而，由于中世纪温暖期的温暖气候以及农耕地的扩大，公元 1000 年人口增加到 3850 万，并进一步在公元 1340 年增加到 7350 万，700 年中人口增加了约 3 倍。

从各个地区来看，希腊、巴尔干地区、意大利、西班牙等地中海沿岸的欧洲南部地区，公元 650 年时人口为 900 万，公元 1000 年时为 1700 万，公元 1340 年时为 2500 万，增加了不到两倍。与此相对，法国、不列颠岛、德国以及斯堪的纳维亚等欧洲中部和西部地区，在公元 650 年时人口为 550 万，公元 1000 年时为 1200 万，公元 1340 年时为 3550 万，增加了 6 倍以上。此外，欧洲东部在公元 650 年时人口为 350 万，公元 1000 年时为 950 万，公元 1340 年时为 1300 万，增加了 2.5 倍以上（表 3-1）。

表 3-1　中世纪欧洲的人口变化

（人数：百万人）

国家和地区＼年份	500 年	650 年	1000 年	1340 年	1450 年
希腊、巴尔干地区	5	3	5	6	4.5
意大利	4	2.5	5	10	7.3
西班牙、葡萄牙	4	3.5	7	9	7
南欧合计	13	9	17	25	18.8
法国、比荷卢经济联盟	5	3	6	19	12
不列颠岛等	0.5	0.5	2	5	3
德国、斯堪的纳维亚	3.5	2	4	11.5	7.3

（续表）

中欧和西欧合计	9	5.5	12	35.5	22.3
东欧	5.5	3.5	9.5	13	9.3
欧洲全域	27.5	18	38.5	73.5	50.4

资料来源：Josiah C. Russell, Population in Europe:, in Carlo M. Cipolla, ed., *The Fontana Economic History of Europe*, Vol. I: The Middle Ages (Glasgow:Collins/ Fontana, 1972)

　　人们在提到中世纪时首先的印象就是鼠疫和寒冷化所引起的饥荒频发，通常都认为整个中世纪都是人人穷困的黑暗时代。然而，中世纪前期从公元900到1300年间气候温暖，文明兴盛，人口急速增加。正是由于人口达到了饱和状态，14世纪开始气候恶化和农业生产力低下才导致了如此沉重的后果。

气温上升的光和影：哥特式建筑所反映出的经济发展和内陆地区的干旱

　　到了中世纪温暖期，欧洲各国的国力增强，为了夺回被伊斯兰教国家所支配的耶路撒冷，十字军开始东征，在文化方面则诞生了经院哲学。哥特式建筑就是当时文化繁荣的代表之一。

　　以法国和不列颠岛以及德国北部为中心，从12到13世纪，建筑家和石匠、木工们建造了一座又一座尖塔高耸入云的大教堂。法国在公元1130年建造了圣丹尼大教堂，公元1159年在巴黎建造了巴黎圣母院，公元 1210 年建造的沙特尔圣母大教堂更是代表性的哥特式建筑。在不列颠岛，公元 1174 年修建了坎特伯雷大教堂，公元 1298 年修建了布里斯托大教堂，其后又修建了威斯敏斯特教堂。在德国，从公元 1248 年开始修建科隆大教堂。这些巨大的建筑物，可以说是温暖气候带来的经济发展的产物。

但是，对于中世纪温暖期是否在地球范围内给人类带来了繁荣这一问题，却不能一概而论。确实气温的上升对于北半球中纬度到北部的居民来说是巨大的恩惠。然而与此同时，在低纬度的北美西南部、非洲、东南亚等地区却发生了长时间的严酷干旱，人们不得不在饥荒中迁移到其他地方。在欧亚大陆内部的蒙古高原，由于干旱导致牧草不足，尤其对于不爱食干草而爱食鲜草的马匹来说，饲养变得非常困难。从蒙古高原的古代松树的年轮可以得知 12 世纪干旱频发。对于游牧民族来说，环境的恶化或许正是成吉思汗扩张的时代背景。

有些人主张，从温暖的时代会给人类带来繁荣这一角度出发，应该对现代的温暖化表示肯定。然而，这些繁荣仅限于欧洲等中纬度及其北部的一部分地区，对于居住在亚洲和非洲内陆以及热带地区的众多人们来说，温暖化带来的往往是灾难。在布莱恩·费根①的著作中，长期的干旱被称为"寂静的虐杀者"。

---

① 布莱恩·费根（Brian Fagan）是剑桥大学考古学和人类学博士，曾任加州大学圣巴巴拉分校人类学系教授。

3 日本的情况：平安时代国风文化的发展和东日本的崛起

观樱御宴所记载的樱花开花时期

日本的古文献中与天候有关的连续记录，有 9 世纪的《日本后纪》中的观樱御宴等。观樱御宴从嵯峨天皇时期的公元 812 年（弘仁三年）2 月 13 日开始，在《日本后纪》中记载有"花宴之节以此为始"，这一日期大约相当于公历的 4 月 2 日。不过，第一次的观樱日非常早，从《日本后纪》《文德天皇实录》《三代实录》等的记载来看，公元 800 到 900 年之间观樱日一般是公历的 4 月 10 日。

到 14 世纪以后，在气候较为寒冷的室町时代，三条西实隆的《实隆公记》等所记载的宫中的花宴和观樱日，一般日期为 4 月 17 日，比平安时期晚 7 天。现在，为观测京都的樱花满开日所种植的标本木位于中京区的京都地方气象台内，假定观樱日即是今天所说的樱花满开日，20 世纪的满开日一般在 4 月 10 日，与平安朝时代基本上一致，在 2011 年以后一般为 4 月 5 日（30 年平均值），比当时早 5 天。关于日期提前，有受都市的热岛现象影响，以及在此基础上的地球温暖化影响的说法。

针对这一论点，有些观点认为，樱花因种类不同花期存在差异，所以无法单纯地比较当时和今天的开花时期。确实寒樱和江户彼岸樱的花期要比染井吉野早，郁金樱的花期则比较晚。并且在江户时代才被培育出来的染井吉野在平安时代根本就不存在。然而，当时的宫廷人士所观赏的樱花是山樱，其花期与染井吉野相同，因此在花期上存在可比性。而且山樱也并非同时开花，不同个体开花和凋落的时间不尽相同，那么，未尝不可认为根据满开日推定的平安时代的气温，与排除热岛现象的 20 世纪后半期基本一致。

朝廷势力向东北方向扩张

世界史中的中世纪温暖期也是日本强化中央集权时期，今天日本都道府县的划分有很多都是从当时沿袭下来的。而朝廷势力拓展到整个本州的背景，则是温暖化所带来的农业和林业生产力的提高。

从奈良时代到平安时代，由于采用庄园制度，开垦活跃，加上朝廷势力进入东北地区，耕地面积不断扩大。这一时期与欧洲经济开始发展的时期一致。研究人员在调查千叶的古代村落时，从 8 世纪下半叶的遗址中发现了掘立柱建筑物和墨书陶器，村落所处的地点也从台地转移到了冲积平原。关东的条里制 ① 也是从这个时代开始实行的。

---

① 日本从奈良时代终期到平安时代开始实行的最早的土地区划制度。其中心思想是将土地划分为大小相等的四方形，以便于管理。

在靠近太平洋一侧，朝廷的势力范围在7世纪以福岛县和宫城县的县境为边界，到公元714年仙台市以南也设置了郡县，并在724年修建了多贺城。到公元756年朝廷的势力范围已经扩展到了男鹿半岛北部。公元780年坂上田村麻吕击败虾夷军将领阿弖流为，开始在岩手县水泽的胆泽城统治奥六郡。

奥州藤原氏的繁荣是气温的温暖化给东北地区带来恩惠的典型。奥州藤原氏在前九年·后三年之役后以平泉为据点在陆奥和出羽发展壮大起来。一般观点认为，奥州藤原氏的强盛是由于生产黄金大幅提高了国力，因此提到奥州藤原氏时经常会把中尊寺金色堂作为其象征。然而，开采需要大量的劳动力，正是温暖化所带来的农业生产力提高为矿业的发展提供了先决条件。在公元1126年中尊寺落成典礼供养时藤原清衡的愿文中记载道，奥州在30年内一直保持和平，并且"年贡未曾有欠"，保持了长时间的丰收。

京都大学的镰田元一教授从当时的村落数量以及出举稻[①]的记录对当时的人口进行了推算。根据其推算的结果，除去北海道、东北北部和冲绳地区，日本人口在8世纪前半期为500万，在9世纪末时为600万，在12世纪前半期为699万。这一数目相当于小山修三教授所推算的弥生时代的人口的10倍。

---

① 当时村落间借贷种子，并将水稻作为利息支付，这些被当作利息的水稻被称为出举稻。

北海道东北部的鄂霍次克文化

与之前的绳文文化以及之后的阿伊努文化不同，北海道东北部沿岸在这一时期衍生出独特的鄂霍次克文化。自从 1913 年业余考古学者在网走市发现 MOYORO 贝冢遗址之后，在从根室半岛到稚内的沿海地区以及利尻岛、礼文岛上发现了大量与库页岛及千岛文化存在关联的遗址。这些遗址采用竖穴居住，竖穴的面积平均在 80 平方米左右，并发掘出了大量熊骨。

鄂霍次克文化被认为是在公元 4 到 5 世纪的寒冷期中，库页岛等地的北方民族向温暖的南方前进，移居北海道所形成的。从遗址中发现了类似口唇装具的物件，因此有人指出这一文化与阿拉斯加的因纽特文化存在亲缘性。鄂霍次克文化的文化圈包括千叶列岛、库页岛和北海道东北部，环绕鄂霍次克海整体呈现一个三角形状，居民主要靠捕捞鲸鱼等获得食物。

有假说认为，在中世纪温暖期，北海道沿岸冬季没有流冰，这一说法在媒体上也多有报道。然而，从遗址中发掘出来的鱼骨主要以夏季捕捞的鱼类为主，鳕鱼等冬季鱼类较少。此外，还在一些遗址中发现了有可能是流冰携带而来的海豹的骨骸。从这些证据来看，说北河道北部没有浮冰的说法不太合适。

尽管如此，在终年优越的气候环境中，鄂霍次克文化持续繁荣至 13 世纪，东北地区北部的太平洋一侧和本州保持着交流。鄂霍次克文化在 14 世纪以后被擦文文化所取代。有一些理论认为，鄂霍次克文化中的熊信仰被阿伊努文化所继承，并成为阿伊努文化的核心。

西日本的酷暑和干旱

前面曾提到，在中世纪温暖期，纬度较高的欧洲享受了气温上升所带来的恩惠，而内陆和靠近赤道的地区却不得不承受干旱之苦。由于南北地域上的差异，不同地方所受到的待遇截然不同，平安时代末期日本的南北差异就是一个十分有趣的例子。

由于气候变得温暖，西日本一直持续着夏天炎热、冬季温暖的气候。究竟平安时期的京都有多么炎热，从《延喜式》和《三代实录》的记载中可以略见一二。当时的宫中一年要消耗 78 吨冰，用于给食物防腐，或是直接食用。盛夏时一天的消耗量更是接近 800 千克。在醍醐天皇于 10 世纪中期下令编写的《延喜式》中写道，每年 11 月份结冰之时会举行祭典，规定供奉五色薄绢各五寸、木棉一两、麻布二两等。另外，在暖冬冰薄时，在冰池的九处祭拜风神，供奉五色薄绢各一尺、一升米、两升酒、海藻一斤，杂鱼两斤等，如果是不太寒冷的冬天就不需要这样的供奉形式。从这样明确的记载可以推测，暖冬不结冰的时间不在少数。据《三代实录》记载，在暖冬的年份，气温维持在冰点之上，周围的水池也不结冻，一直到元旦冰室还是空空如也。

有研究结果指出，日本周边黑潮的流向和珊瑚礁的分布都向北推进了。通过分析千岛列岛南部的海底沉积芯发现，当时的黑潮比现在更加向北，冬季的海水温度较现在也更高。海面水位似乎也有所上升，镰仓幕府初期建设的港口比现在更靠近东侧的若宫大路，大阪湾比现在更加深入内陆，京都南部区域与其说是淀川流域，实际上更加内湾化。菅原道真在被流放到大宰府时的旅行日记中说道，由于山口县的防府一带是海洋，所以只能乘船渡过。

在西日本，春天到夏天炎热干旱，秋季暴雨洪水，自然灾害频发，农作物持续歉收，社会底层动荡不安。在平清盛死去的公元1181年（养和元年），从春天到夏天一直干旱，秋天的大雨导致农作物歉收，这一自然灾害对近畿以西的平家领地的打击尤其巨大，被认为是平家没落的原因之一。这一年由于干旱所引起的饥荒在《方丈记》中也有详细的描述。除此以外，西日本在公元1227年（安贞元年）到1231年（宽喜三年）雨季不断，公元1252年（建长四年）到1259年（正元元年）则发生干旱，长时间降雨造成农作物歉收，并引发了疫病的大流行。

这些天灾、疫病使人们对一直以来深信的天台宗、真言宗等佛教祈祷以及密教法术产生了怀疑。在这样的背景下，新兴的追求极乐净土的镰仓佛教得到了人们的支持。

与此同时，在东日本，由于当地"旱无不收"，气候的温暖化带来了农业生产力的提升以及经济的发展。气候一旦温暖化，就会使东日本这样高纬度地区的农业生产力得到提高，并给西日本这样的低纬度地区带来干旱和酷暑的困扰。日本列岛的这一境遇，可以说正是全球气候变化的缩影。

从日本政权交替的推移来看，在中世纪温暖期镰仓幕府建立，另一方面，在气候开始变得寒冷的 14 世纪，以北关东作为据点的足利氏将军幕府迁移到了京都。其后从 16 世纪后半期到 17 世纪前半期，寒冷气候暂时中止，此时江户幕府兴起了，等到严寒期再次来临的 18 世纪下半叶之后，东日本的经济实力低下，西日本的萨摩和长州等完成了倒幕运动。

当然，政权据点的位置与社会构造等各种各样的因素都有关系，无法只单纯地归结于气候的变化。然而，在 1000 多年的时间里，东日本和西日本之间国家中心的变迁与气候的变化却不可思议地一致。

4 维京的格陵兰岛移民

红胡子埃里克的传说

在冰岛萨迦 ① 这部集合了维京传说的故事集中，有一篇名

---

① 萨迦（冰岛语：saga）是指冰岛及北欧地区的一种特有文学。此语语源来自德语，本意是"小故事"。

叫《红胡子埃里克萨迦》的短篇故事。其故事围绕着格陵兰岛的发现和开拓展开，据说哥伦布在出海发现美洲大陆之前也曾熟读这一篇章。

公元 960 年前后，红胡子埃里克·瑟瓦尔德森的父亲索尔瓦德·艾斯弗洛德松①由于牵扯到暗杀事件，从故乡挪威被流放到了冰岛，当时 10 岁左右的埃里克和父亲一起离开了祖国。

人们提到维京，脑海中都会浮现出海盗的形象，然而实际上，维京人大部分都在祖国从事农业，只有一小部分可以驾船的人与世界各国进行交易，并在欧洲沿岸和岛屿上开拓殖民地。当时的挪威气温显著上升，并且还引入了改良之后的新型的锄头，农业生产力大大提高。然而，由于挪威的国土绝大部分都是地势险峻的山地，适合耕作的土地只有 3%。到 8 世纪，由于耕地的限制，挪威的农业产量无法跟上人口增加的速度。这就是维京人积极向外迁徙的原因。而且公元 600 年前后，实现了从划桨到帆船的技术革新，而进入中世纪温暖期后，海面水温上升导致浮冰减少，远距离的航海变得更加容易，维京人向海外扩张的步伐也随之加快。

维京人出海的记录，最早可以追溯到公元 792 年 6 月 8 日，当时维京人袭击了英格兰东北部远洋林迪斯法恩岛上的修道

---

① 人名为古斯堪的纳维亚语的音译。

院。他们将殖民地扩展到不列颠岛周边的奥克尼群岛、法罗群岛，并将船开到了北方的冰岛。冰岛受北大西洋暖流的影响，虽然处于高纬度地区，却常年保持着温暖的气候。可是在《定居之书》中却记载，早期维京航海家费洛基和其同行人员在岛上爬上山丘的时候，在靠近峡湾的一侧海面上看见漂浮着的海冰。当时刚刚进入中世纪温暖期，所以可能还有大量的浮冰漂流到冰岛。因此费洛基将这座岛命名为"冰岛"，这一称呼后来成为国名。冰岛的移民开始于公元874年，最早在冰岛定居的雷克雅未克家族将他们居住的地方冠以家族的名字"雷克雅未克"，这一地区后来成为冰岛的首都。

与"冰岛"这一名称相反，根据板块运动理论，冰岛刚好位于地壳断裂的北大西洋海岭的北端附近，火山运动活跃，每隔数十年就会有一次大规模的喷发。由于冰岛是一座火山岛，现在冰岛大部分家庭的供热都依靠地热。冰岛的冰川面积虽然仅占国土的10%，可是由于岛上沉积着大量火山灰，土壤不适宜进行农业活动，因此主要以饲养猪、牛、绵羊、山羊和马等的畜牧业为主。

索尔瓦德父子踏上冰岛，是在移民刚刚开始的100年左右。埃里克在父亲过世后与千金小姐肖兹希尔特结了婚，并育有3子，过着相对丰饶的生活。然而，或许是遗传自父亲，埃里克的脾气非常火爆。埃里克32岁时，由于一名叫托尔盖斯特的男子借了椅子腿儿不还，埃里克把他的两个儿子打得倒地不起，并最终发展成了呼朋唤友的大斗殴。当地的法院为了平息纷争，判决将埃里克和其同伙流放三年。

一开始埃里克躲到了冰岛北部，后来听说托尔盖斯特为了报仇到处追赶自己，于是不得已乘船继续往西逃亡。埃里克想起来以前曾经听说，有一名叫冈恩的男子曾航行到了遥远的西方，并看到过一片陌生的陆地。于是埃里克便向传说中的"冈恩岩礁"前进了。

埃里克一边小心注意冰山一边向前行进，在地平线上看到被冰雪覆盖的高山后不久便到达了冈恩岩礁东岸的布拉萨克冰川。沿着陆地继续往南绕过法韦尔角之后，埃里克发现了适宜放牧的草原和水产丰饶的河流。埃里克一行从陆地的南端沿着西侧海岸绕行，沿途设置了数处居留地，在那里度过了两个冬天后回到了冰岛。回到冰岛之后，埃里克将新发现的岛屿命名为"格陵兰"（Greenland，意为绿色的土地。——译者注），并劝说人们移民。关于命名的理由，在《红胡子埃里克萨迦》中这样写道："因为……那里得有个好名字，人们才会愿意移民。"终于，埃里克带着因耕地不足而感到深深困扰的冰岛居民，率领由 25 艘船所组成的船队向新发现的陆地行进。

去往格陵兰岛的移民团在峡湾的入海口建起了两个据点，分别称为东移民地和西移民地。尽管从名字上以东西划分，实际上东移民地位于格陵兰岛的南端，而西移民地则位于距东移民地西北方向 480 千米处的高纬度一侧。因此，后世在寻找西移民地时费了相当一番周折。并且，从这一位置分布也可以得知，在气候寒冷化时，西移民地由于纬度较高，更早地受到冲击（图 3-4）。

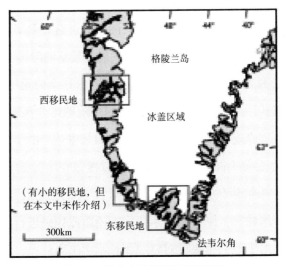

图 3-4　维京人的格陵兰岛移民地

资料来源：Mikkelsen et al (2001): Marine and terrestrial investigations in the Norse Eastern Settlement, South Greenland. Bulletin of the Greenland Geological Survey (189): 65-69

维京人造访的北美大陆是哪里

埃里克等开始移民格陵兰的时期，正好是基督教普及北欧诸国的时期。公元 999 年冰岛决定将国教改为基督教。埃里克的儿子莱夫・埃里克松受挪威国王的邀请，航船去往格陵兰岛成立教会。

然而，他们的航路向南方偏移，最后到达了长着野生小麦，还有丰盈的葡萄和茂密的枫树林的土地。萨迦中将这块土地称为文兰（Vinland）。有一部分人认为这一名字和葡萄酒有关，并认为那里盛产野生的葡萄，而实际上这一名字取自当时斯堪的纳维亚语的"牧草"之意，意思是长草的湿地。

听说莱夫的事迹后，冰岛的商人托尔芬于公元 1010 年筹划了以格陵兰为目的地的航海。两艘探险船借北风取道南方，到了莱夫曾经发现的森林茂密的文兰和马克兰。由于文兰的气候与格陵兰岛不同，冬季也没有积雪覆盖，十分适合放养家畜，因此托尔芬在文兰滞留了三年。不过，在他们到达以前，当地已有原住民。刚开始托尔芬等人还跟原住民进行过物物交换，但是由于他们坚决反对将剑和长枪卖给原住民，双方的友好关系破裂了。被托尔芬称为"斯克雷林人"的原住民最后开始用投石机投掷石块，并手持棍棒袭击营地。托尔芬和同行人在深思熟虑后下了决定："尽管此地是丰饶的居留地，然而却不知何时就会遭到袭击，必须准备战事。"于是他们决定先回格陵兰。

上述就是《红胡子埃里克萨迦》中与登陆北美大陆有关的故事。在之后还有为寻求木材而进行的殖民，并且有记录显示公元 1121 年埃里克主教曾经造访过文兰。

今天的观点认为马克兰位于今天的拉布拉多半岛，文兰则位于纽芬兰岛北端的安斯梅多。欧美历史学家在很长一段时间内都不愿意承认在哥伦布之前曾经有人到达过北美大陆。然而，1960年，挪威考古学家英斯塔夫妇在这一地区发现了遗址，并在遗址中发现了冶炼场。由于当时的因纽特人还没有学会制铁技术，所以得出炼铁技术是维京人带来的这一结论。在安斯梅多还发现了八座以上公元1000年前后的房屋和牲口圈。1978年安斯梅多被登记为世界文化遗产。

此外，在美国的缅因州还发现了当时在欧洲流通的钱币——缅因币。只不过，这些钱币究竟是继续向南前进的维京人所掉落的，还是因纽特人从维京人那里得到后再带到南方来的，暂时还没有定论。

格陵兰移民地的发展：出口海象牙

维京人被迫放弃向北美大陆移民的念头后，向格陵兰岛的移民却十分顺利。在移民活动的最高潮，东移民地有4000到8000人，西移民地有1000到1700人。

尽管现在很难想象，可是当时的格陵兰岛有着丰富的牧草，并且可以将柳木当作燃料，因此远比挪威和冰岛更加适合放牧。与其在祖国跟人争抢贫瘠而稀少的土地，还不如在岛上过着优哉游哉的日子。并且岛上的气候也比较温暖，有记录称在公元985年，有人完成了长达3千米的长距离游泳。据推测，这一海域的海水温度比现在要高 4 摄氏度左右。

在定居点虽然也种植谷物，但更注重畜牧。移民者放养猪、牛、绵羊和山羊。猪在斯堪的纳维亚的传统社会中是最受欢迎、最有地位的家畜，但在早期移民以后就看不到了。应该与格陵兰岛的环境不符。而地位第二高的牛，即使是零散的农家也一定会饲养几头。与其说是用来吃肉，不如说是挤奶用来制作酸乳酪。

岛上的移民者在 1262 年接受挪威的统治，因为挪威国王哈康四世承诺每年派遣两艘大型帆船进行贸易。向北欧出口的商品是海象、海豹的牙和北极熊的毛皮。海象的牙被认为是高级商品，除了要向挪威缴纳十分之一的税，还用来交换铁制品、船用工具、木材以及家畜。据 1327 年的交易记载，802 公斤的獠牙可以换 780 头牛。

格陵兰岛在维京人之前就已经有因纽特人居住，虽然有记载说维京人为捕获海象，在向北方前行的时候出现过较小范围的争执，但是由于居住区域分离，并未产生较大摩擦。维京人在岛上的牛羊放牧的活动持续了 300 年以上。

今天的格陵兰岛除了因纽特等独特文化圈以外，经济支柱主要依赖向外国贩卖渔业权及海外的援助，由此可知，当时的气候比现代更温暖。

不过需要注意的是，现代的格陵兰岛之所以无法开展养羊畜牧业，除了气候条件不适合以外，更多的是为保护土壤，从这一角度来说，仅从是否可以养羊来判断温暖程度的做法也有待商榷。

　　总之，维京人的移民活动还是得以顺利展开。然而，到13世纪，北大西洋的浮冰开始增加，格陵兰岛与挪威之间的商船航行变得极为困难。在气候寒冷化的进程中，等待着格陵兰岛上的维京人的，是残酷的命运。

第 2 章
寒冷时代的到来

进入 13 世纪，全球气候变化，预示着寒冷化的到来。其后，小冰期（LIA: Little Ice Age）到来了。第 2 章将涉及以下问题：

● 寒冷化是如何使欧洲各国的天气恶化，并引起社会混乱的？格陵兰岛的移民者最后生存下来了吗？

● 小冰期被有关太阳黑子的先驱研究所证实。是哪些研究者以怎样的方式发现了这一太阳没有黑子的时代呢？

● 从世界整体来看小冰期中的气温低下有怎样的特征？

小冰期中的寒冷化对包括日本在内的亚洲社会也带来了深刻的影响。

1　寒冷化的预兆

气候异变：饥荒、疫病、战争

　　欧洲的寒冷化最早是从浮冰的变化开始的。在冰岛的港口出现的浮冰从 13 世纪中期开始增加，不仅从 1 月到 3 月，一年当中的大多数时间都可以观察到浮冰（图 3-6）。在冰岛，自从公元 1362 年厄赖法火山喷发以来，人们迎来了"冰与火的千年之战"。自 13 世纪 80 年代开始，我们进入了太阳活动的低迷期，即沃尔夫极小期。

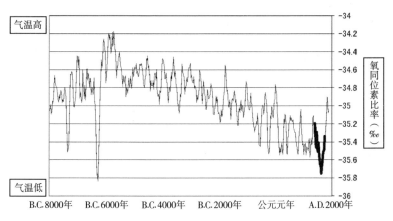

图 3-5　寒冷时代的到来·小冰期

资料来源：Greenland Ice Core Chronology 2005（GICC05）

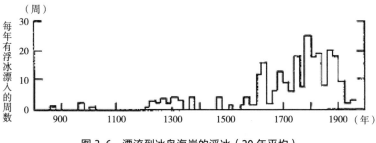

图 3-6　漂流到冰岛海岸的浮冰（20 年平均）

资料来源：Hubert H. Lamb「Climate, History and the Modern World」(1995)

　　根据纳税记录，冰岛的人口在公元 1095 年为 7.75 万人，到了公元 1311 年出现减少倾向，变成 7.2 万人，到了寒冷化严重的 1780 年则减少了一半，变成 3.8 万人。平均身高在 8 世纪为 173 厘米，到了 18 世纪则变成了 167 厘米。身高的下降被认为是动物性蛋白质摄入不足。历史上将此现象解释为是由挪威和丹麦等宗主国的暴政所致。然而，自然环境恶化这一因素也不可忽略。

　　在欧洲大陆气候也出现了寒冷化。到了 13 世纪，阿尔卑斯山脉的冰河越过高原地带到达落叶松繁茂的森林地带。此外，位于英吉利海峡和北海一代的强低气压带来了暴风雨，在荷兰和德国沿海地区引发了导致 10 万人溺毙的自然灾害。

　　公元 1315 年，整个欧洲遭遇历史上被称为 "大饥荒"(the Great Famine) 的农作物歉收。根据英格兰的本笃会修道士的记录，粮食短缺从 5 月开始，夏天阴雨连绵，谷物不丰收；到了秋天，部分地区有了粮食。但圣诞节来临，情况恶化了。他说：
"穷人饿死，富人也总是饿着肚子。"不仅是英格兰，欧洲大陆
的佛兰德地区夏天每天下大雨，异常气象波及整个西欧。

到了公元 1316 年初冬，由于粮食不足，欧洲人不仅要吃
发霉的小麦和玉米，还要吃宠物和鸟粪。最后竟然向尸体伸出
了手。据说在爱尔兰，深夜还能听到用铁锹挖掘墓地，从骨头
上剥下肉的声音。在英格兰有人吃囚犯的肉，德国甚至有吃自
己孩子的记录。在欧洲中部的西里西亚地区，死刑犯的尸体被
食用。

由于中世纪温暖期农业生产力的提高，整个欧洲的人口从
公元 1000 年的 3850 万人开始增长，到了公元 1300 年增长了
近两倍，人口的增加使得形势更加严峻。从公元 1315 年开始
的几年中，欧洲谷物的产量下滑到原来的三分之二，由于湿润
的天气，家畜都患上了牛瘟和肝吸虫病，有九成的家畜死亡，
很多人都在这几年中被饿死。据推测，在 1315 到 1321 年间，
有超过 150 万人因饥饿和疾病死亡。

在饥荒中，整个欧洲的农村为了减少人口甚至开始抛弃子
女。在格林童话《汉赛尔与格莱特》中，被后母（原著中是亲生
母亲）抛弃的兄妹被女巫捉住，后来他们抓准机会杀掉了女巫并
带着宝物回了家。1315 到 1317 年的大饥荒对农村的破坏正是这
一故事的背景。

尽管农业生产力在 14 世纪 20 年代后半期得到了恢复，但

是到 1347 年又暴发了世界性流行的鼠疫。公元 6 世纪"查士丁尼的鼠疫"的发源地被认为是非洲东部，与此相对，14 世纪的鼠疫的发源地被认为是吉尔吉斯斯坦。然后经过克里米亚半岛于 1347 年从黑海传到意大利，最终扩散到了整个欧洲。

在欧洲，从 1347 到 1350 年间，大约有 2000 万人病死，占当时总人口的三分之一。此后，鼠疫被称为黑死病（Black Death）。

1337 年，英法之间因争夺对苏格兰的支配权而爆发了百年战争，饥荒、疫病、战争，悲剧时代的三要素全部具备了。从这一时期开始，欧洲各地开始爆发农民起义。1358 年法兰西爆发了扎克雷起义，1381 年英格兰发生了瓦特泰勒起义，到 1431 年农民运动扩散到德国，爆发沃尔姆斯起义。

以苦难为主题的宗教艺术

14 世纪中叶以后，大饥荒和鼠疫的流行颠覆了人们生活的基础。1348 年，在中世纪温暖期人丁兴旺的法兰西南部的朗格多克地区和其他地方一样，三到五成的居民都死亡了。幸存下来的人开始疑神疑鬼，记录显示，当时的人们虐杀犹太人，并以持有可疑的药物为由拷问流浪汉。

今天，人们想到美术馆中陈列的宗教画作时，很容易联想到承受苦难的形象。法国美术史家埃米尔·马勒（Émile Mâle）

在谈及宗教艺术的变迁时说道：

> 13世纪创作的基督教艺术，如同《贝亚斯默示录注解书》的抄本中所描绘的那样，表现基督教作为胜利者的荣光，反映善良、温柔和爱，如同希腊艺术一样明朗。
>
> 然而，宗教艺术从1380年左右开始变样了，到14世纪大部分作品的色调都转为阴暗。就如同《罗安时祷书》的插画中的圣母怜子图一样，大量描绘赤裸身体、鲜血淋漓的耶稣传教失败的痛苦姿态。从此，受难就成了基督教艺术的核心。

这样的变化仿佛是在向人们揭示，以气候变化为契机发生的大饥荒、疫病和战乱将艺术的主题从爱变为苦难，甚至改变了人们的宗教信仰。

世界各地发现的寒冷化迹象

欧洲以外的地区也发现了从14世纪开始的气候寒冷化的证据。在非洲，埃塞俄比亚的山岳地带冬季被冰雪覆盖长达数月，从1400年一直到19世纪，位于赤道上的非洲第二高山肯尼亚山冰河持续扩张。降雨的区域发生变化，查德湖的降水量从1300年以后就开始减少。

北美大陆的内陆严重干燥。在中世纪温暖期，内陆的降水量较多，山毛榉、枹栎等阔叶树林茂密。在草原广布的密西西比河沿岸的圣路易斯郊外的卡霍基亚形成了4万人的大型村落。玉米被大规模种植，在村落的中央，人们还建造了比埃及金字塔规模更大被称为"僧人土堆"的人工丘陵。然而，从公元1200年以后，降水量减少，大草原上的阔叶树林也随之缩小。在艾奥瓦州原住民的遗址中发现了动物的骨骸，狩猎的对象也从这一时期开始，由生活在森林中的动物转变成野牛等生活在草原上的动物。

土地不断干燥，卡霍基亚的居民在公元1300年前后开始逐渐向南方迁徙，到15世纪文化逐渐衰退。到18世纪法国商人造访此地时，仅存留零星几处原住民聚居地。

在日本，1354年近江发生了农民暴动，"土一揆"① 出现在《东寺百合文书》的记录中。这次暴动与法国的扎克雷起义发生在同一时期。1428年（正长元年）开始，农民一揆真正形成规模，由于前一年开始天气持续恶化导致农作物歉收，导致"大饥荒天下人民多数死亡""人民大量死亡，尸体填满诸国"，在从近江的坂本到山城爆发了正长土一揆。此后，以颁布勾销欠账的德政令为诉求，农民和地方武士主导的土一揆在山城、大和等关西地区频繁发生。

---

① "一揆"意指某种联合。"土一揆"即指以土地为诉求的农民运动。

2 格陵兰移民地的贫困

中断的商船

寒冷化的开始在大西洋较早出现。北欧和格陵兰岛之间的航线从 1150 年开始浮冰增加，从 1240 年开始剧增。过了 13 世纪 80 年代浮冰变得非常多，同时交易船的失事事件也开始增加。因此，从 1300 年以后开始，商船放弃北纬 65 度的海域，改为前往浮冰较少的南部海路，但随着航海天数的增加，贸易船只的渡海次数也随之减少。

1368 年，格陵兰岛和挪威约定最后一艘敕许船出航，但第二年就沉没了，两国之间的正式交易就此中断。1240 年以后，德国的汉萨同盟与俄罗斯开始了西伯利亚产的毛皮贸易，十字军东征使非洲产的象牙流入了欧洲。不仅是海路的恶化，格陵兰岛的出口产品海象牙和北极熊毛皮的魅力下降，也可能是导致货船中断的原因。此后，民间船只前往格陵兰，分别是 1381 年、1382 年、1385 年、1410 年，共 4 次。因为没有得到挪威的敕许，都是以海况恶化为由，假装偶然的渡航，但实际上是民间商人看到缺乏海外物资的移民者处境，想要从中获取暴利。

贸易船只断绝后，不仅铁制品和木材，连新的家畜也无法进口。到了 1250 年左右，只有大型农场的农户才会吃牛肉，而规模较小的零散农户则开始以海豹和驯鹿的肉为食。从以狩猎为生的农民向以农业为主的狩猎者转变，从人骨中含有的碳同位素和氮同位素的比率，可以得知他们饮食生活的变化。从海洋性哺乳动物摄取蛋白质的比例来看，早期的定居者为15%到50%，而晚期的定居者达到50%到80%。没有吃鱼的痕迹，恐怕是因为缺乏木材，连小船都无法建造吧。

移民地的命运

1350年左右，比东移民地更靠近北极3个纬度的西移民地被遗弃。1997年，科罗拉多大学的气候学家丽莎·巴洛（Lisa Barlow）等人以论文的形式介绍了西定居点的终结，并被许多刊物登载。住宅里堆积着牛舍和羊圈排出的粪便，还留有家畜的骨头和大型猎犬的头骨。无法确定定居者最后一次造访是在晚冬还是初春？他们吃掉了每一头家畜，最后还吃掉了猎犬，然后消失在了某个地方。

商船中断后，格陵兰岛对于欧洲来说就成了遥不可及的国度。1492年罗马教皇亚历山大六世对那里长期没有主教表示担忧，并如此写道：

生活在格陵兰岛东端的人们没有面包、葡萄酒和橄榄，只能吃鱼干，喝家畜的奶。由于强风船只无法上岸，无人能够造访。可以航海的恐怕只有 8 月。80 年来没有消息，恐怕也一直没有主教在任。

据推测，东移民地在西移民地被放弃后还维持了将近 100 年，但在 1500 年左右被毁。从被埋葬的成人遗骨来看，可能因为营养不良，成年男人平均身高为 160 厘米，成年女性平均身高为 137 厘米。发现的超过 30 岁的人类骨骼寥寥无几，并且，可能是由于长期食用坚硬的食物，儿童的牙齿磨耗相当严重。

1721 年，挪威传教士乘坐名为"从挪威到格陵兰的希望"的船只来到了格陵兰。目的是与近 300 年来音信全无的殖民者的后代见面，并让他们改信新教。但是在因纽特人带领传教士到达的地方，只剩下了石头垒起的教堂墙壁。

因纽特人的选择：为了生存的道路

受格陵兰岛气候恶化的影响，因纽特人也不得不改变生活的方式。在中世纪温暖期中，因纽特人将活动区域从加拿大东北部扩展到格陵兰岛沿岸，他们用石头和鲸鱼骨作为建材，用草皮涂抹墙壁，制作出可以长年居住的房屋。他们没有农业，主要的生活支柱是借助猎犬狩猎，以及大规模地捕猎北极鲸。

在因纽特文化中，房子呈狭长形的被划分为多塞特文化，其后出现的不规则形状的房屋则被称为图勒文化。图勒文化的居民在 14 世纪以后迁徙到了格陵兰岛南部。其理由可能是气候的寒冷化和维京移民地的衰退。由于无法继续捕捉鲸鱼，他们开始在夏季狩猎驯鹿，冬季则从海冰上的呼吸洞中捕捉海豹。

因纽特人放弃石制的建筑住进冰屋是在 15 世纪气候寒冷化变得显著之后。从此以后，在欧洲人眼中，"因纽特人是一直住在冰屋里面的贫穷民族"的形象固定下来了。事实上，在冰屋中生活是在极寒的时代中被迫改变生活方式的结果，从漫长的历史上来看，因纽特人并不是一直住在冰屋中的。

针对自然环境的寒冷化，维京后裔和因纽特人的处理方式截然不同。维京人无法舍弃欧洲的生活习惯，拒绝接纳渔叉和小舟等因纽特人的渔猎技术。在东西移民地的遗址中没有发现任何属于因纽特文化的物件。并且作为昔日的象征，他们还饲养着世界上最矮的牛。与此同时，因纽特人所选择的道路尽管可能被后世认为是"文化的衰退"，却因认清环境的变化并灵活对待，最后得以幸存下来。

3 消失的太阳黑子

19 世纪天文学家的发现

柏林出生的天文学家古斯塔夫·史波勒（Gustav Spörer,

1822—1895）在 1874 年被波兹坦天文台聘为观测员，不过一直到他上任为止，天文台都还没有完工。史波勒在 1882 年被任命为天文台的观测主任之前，一边推进太阳黑子的观测项目，一边阅读了大量与 17 世纪太阳黑子观测有关的文献。他发现，从 17 世纪中期到 18 世纪初期，太阳表面基本上没有黑子分布。史波勒在 1889 年发表了有关这一研究成果的论文。

当时只有一个人注意到了史波勒的论文，这个人就是伦敦皇家格林尼治天文台太阳部监督官——爱德华·蒙德（Edward Maander，1851—1928）。蒙德自己对于古文献也多有涉猎，他注意到，1671 年发行的《伦敦国家协会哲学会报》登载了乔凡尼·卡西尼（Giovanni Cassini）有关发现太阳黑子的报告，报告中提到，此次观察到太阳黑子，距离上一次从太阳上观测到黑子已经间隔 20 年之久。不仅如此，1675 年格林尼治天文台第一任台长约翰·弗拉姆斯提德（John Flamsteed）也曾经提到，自己为了发现一个黑子花了整整 7 年时间。17 世纪的观测仪器相比伽利略的时期要先进得多，然而却无法像过去一样观测到大量黑子。

黑子增加时，太阳辐射更为活跃，观测到极光的频率也会增加。同样，黑子减少时，太阳活动低迷，观测到极光的次数也会减少。1645 到 1715 年间，斯堪的纳维亚地区几乎没有出现过极光。从 17 岁就开始观测天体的埃德蒙·哈雷也坦言，一直到 1716 年 3 月，60 岁的他才第一次见到极光。

蒙德于 1894 年在《皇家天文学会志》上发表论文《长期的黑子缩小》，其中介绍了从 1645 到 1715 年几乎没有太阳黑子被观测到这一事实。在论文中蒙德写道，太阳似乎进入了休眠阶段，70 年中所观测到的太阳黑子的总数相当于 19 世纪黑子极小期中一年所观测到的量。然而，蒙德的观测成果与史波勒的论文一样，在长达 80 年的时间里都没有受到任何关注。

20 世纪太阳物理学界的焦点

到 20 世纪 70 年代，太阳物理学家杰克·艾迪（Jack Edi）失业了。尽管从 1973 年开始他作为临时研究员负责执笔 NASA 的天空实验室计划的报告，他还是有大把的闲暇时间。艾迪为了打发时间开始研读有关太阳活动的旧论文，在这一过程中，他发现了爱德华·蒙德的论文。1976 年，艾迪通过亲自研究过去的观察结果提出了假说，认为太阳黑子数目每隔数十年就会发生大的变动，并且认为这一变动是因为太阳自身活动的变化所导致的。

艾迪不仅通过太阳黑子的增减，还通过观测日食推测了太阳活动的低下。在从 1645 到 1715 年的 63 次日全食中，没有留下一次日冕的观测记录。日冕在太阳活动旺盛时期会大量出现，而在太阳活动低迷的时期则仅在赤道附近出现两三根。艾迪认为，这 70 年来没有观测到日冕不是因为疏漏，很可能是因为日冕根本没有出现过。

　　艾迪的论文刚发表时，很多研究者对艾迪的假说持怀疑态度。然而，由于太阳黑子数目的变动与显示太阳活动强弱的放射性碳同位素的比率一致，人们逐渐开始接受太阳黑子少的时期即为太阳活动低迷的时期这一观点。最后，从 1420 到 1530 年的太阳活动最小期取波兹坦天文台观测主任的名字被命名为史波勒极小期，从 1645 年开始的长达 70 年的极小期取伦敦皇家天文台监督人的名字，被命名为蒙德极小期。

　　太阳黑子的数量是以怎样的机制变化的呢？艾迪的研究团队将出版于蒙德极小期以前 15 年的 1630 年的克里斯托弗·夏内尔（Christoph Scheiner）的著作[1]，和刚刚进入极小期于 1647 年出版的但泽天文学家约翰内斯·赫维留（Johannes Hevelius）的《月面志》中对太阳表面的写生加以对比。艾迪等三人考察了黑子通过太阳表面的时间，并由此推论出，与没有黑子的 17 世纪 20 年代相比，1642 到 1644 年间黑子重新出现时，太阳的自转速度更快。

　　在艾迪的先驱性研究之后，不仅是蒙德极小期、史波勒极小期，其前后的一些太阳黑子较少的年代都被一一明确了。这些太阳黑子减少的时期，无一例外都是寒冷化程度加剧的时期（图 3-7）。

---

[1]　作品原名为 *Rosa Ursina*。

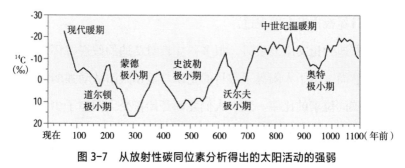

图 3-7　从放射性碳同位素分析得出的太阳活动的强弱

资料来源：U.S. Geological Survey「The Sun and Climate」http://pubs.usgs.gov/
fs/fs-0095-00/fs-0095-00.pdf

4 小冰期是怎样的时代

寒冷化的原因是什么

"小冰期"（little ice age）这一词语最早是由地质学家弗朗索瓦·玛萨斯于 1939 年在提交给美国地球物理学联合会冰河委员会的报告中提出的。当时小冰期一词使用小写文字书写，用来表示与全新世气候最适宜期相比，从 4000 年前冰河扩大到现在气候相对寒冷这一现象。

其后，小冰期一词开始使用大写书写（Little Ice Age），不再用来表示以数千年为单位的寒冷化，而用来特指 14 世纪以后的寒冷化时期。中世纪温暖期的发现者休伯特·拉姆认为，小冰期的明确起点是在 1550 年。但是普遍的意见认为其范围应该更广，很多人认为寒冷化从 14 世纪初就开始了。一直到

19世纪后半期，小冰期持续了将近500年。通过研究格陵兰岛的冰芯、加利福尼亚的刺果松的气温分布，从长期来看，在中世纪温暖期持续了400年后，出现了长达500年的寒冷化时期（图3-2、图3-8）。

A. 格陵兰岛冰芯

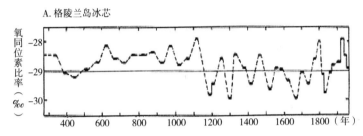

资料来源：H. H. Lamb「Climate, History and the Modern World」（1995）

B. 加利福尼亚州怀特山的刺果松

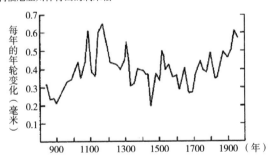

资料来源：Tkachuk, 1983

图3-8 小冰期

在小冰期当中，有4个特别寒冷的时期。它们都与太阳黑子数量减少的时期一致。

- 1280 年—1340 年：沃尔夫极小期
- 1420 年—1530 年：史波勒极小期
- 1645 年—1715 年：蒙德极小期
- 1790 年—1830 年：道尔顿极小期

不过，小冰期中气候寒冷化的原因并不仅仅是太阳活动的低下。频繁的火山喷发也是重要的原因之一。1452 年瓦努阿图群岛的库瓦火山、1600 年安第斯山脉的瓦伊纳普蒂纳火山、1641 年菲律宾的帕卡火山、1660 年新几内亚的长岛以及 18 世纪后半期冰岛的拉基山、浅间山，以及 1815 年印度尼西亚的坦博拉火山，在这一时期，大规模的火山喷发连续不断。

在小冰期中，佛罗里达远海海域的盐分浓度提高了 10%，由此可知北大西洋洋流的势力减弱。其程度尽管没有新仙女木期时极端，可还是会减少从亚热带地区输送到欧洲北部的热量。不仅是北大西洋北部，还有报告指出在另一个上层海水下沉的海域——南极的威德尔海域，海水沉降速度比通常要慢，海水上下层的混合不活跃。小冰期的寒冷化应该是一系列的复杂因素引起的。

IPCC 第四次评估报告低估了吗：一旦寒冷化气候变化就会更剧烈

有一些看法轻视小冰期的寒冷化。这种意见认为，500 多年北半球平均气温的下降是局部现象，与 20 世纪相比差距在 1 摄氏度之内，微不足道。从 IPCC 第三次评估报告（2001 年）中也可以看出这样的姿态，报告认为"北半球发生不到 1 摄氏度的平缓的寒冷化……不能看作是全球性现象"。

第四次评估报告认为"在过去 1000 年中，以数百年为单位的北半球的气温变化程度实际上比第三次报告中提到的要大"，并改变观点认为 12 到 14 世纪以及 17 到 19 世纪是低温期间。然而，低估的倾向依然没有改变。

进入 21 世纪以后，不仅在北半球，南半球也发现了小冰期寒冷化的证据，认为寒冷化是全球性现象的观点也应运而生。研究人员从南极半岛东部的布兰菲尔德海盆的沉积芯中发现了南半球与北半球在同一时期出现寒冷化的证据，并且通过分析南非共和国玛卡萨班斯加河谷的冷气洞窟中的石笋所含有的氧同位素发现，在公元 1000 到 1300 年的中世纪温暖期之后，存在长达 500 年一直持续到公元 1800 年的寒冷期。该研究成果认为，中世纪温暖期的气温比现在高 3 摄氏度，小冰期中的气温则比现在低 1 摄氏度，气温波动与北半球的史波勒极小期和蒙德极小期一致。并且，石笋中含有的放射性碳同位素和

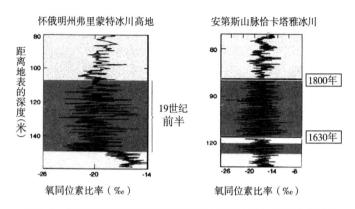

图 3-9　怀俄明州弗里蒙特冰川高地和安第斯山脉恰卡塔雅山顶的
氧同位素分析得出的气温变动幅度

资料来源：M. M Ready et al "Ice–Core Evidence of Rapid Climate Shift During
The Termination of The Little Ice Age"
http://wwwbrr.cr.usgs.gov/projects/SW_corrosion/icecore/images/
ice-core. jpeg（原典は、L. G. Thompson et al:"in Climate since A. D.
1500"〈1992〉）

铍 –10 的分析结果显示，中世纪温暖期和小冰期形成的主要原
因是太阳活动的强弱变化。

　　有一些意见可能认为，小冰期中地球整体平均气温比现在
仅低了不足 1 摄氏度，所以无法将其看作是大规模的气候变化。
因为从短期的变动来看，每个月的平均气温通年对比经常相差
超过 1 摄氏度。然而，在小冰期中，虽然只是不到 1 摄氏度的
气温低下却持续了长达 500 年，至于长时间低温的影响，想象
一下在冰箱里面冷藏的食物就可以略知一二。

　　对于小冰期的寒冷化较为平缓这一说法，可以参看图例所

示。图 3-9 左侧是美国中西部怀俄明州弗里蒙特冰川、右侧是南美安第斯山脉恰卡塔雅冰川中采集到的氧同位素含量的变化。从这些图中可以看出，在小冰期中，氧同位素比率的变化比现在更大，由此可知气温变化的幅度也更大。英格兰和荷兰在小冰期中冬季气温变动的标准偏差值比 20 世纪要大 50% 以上。

在第一篇中曾提到，在一直持续到距今 1.17 万年的末次冰期中，出现过比小冰期更加剧烈的气候变化的时期。总的来说，气候如果温暖化会趋于稳定，到了寒冷期短时间内的振荡幅度则会更大。

在小冰期中也出现了这样的特征，因此小冰期绝不是气温平缓降低的时期。长时间的寒冷化，加上在与 20 世纪相提并论的炎热夏季后又迎来凛冬，像这样以数十年为单位的剧烈气候变化，给世界各地带来了大规模的饥荒和疫病。

第 3 章
小冰期的气候和历史

在第三篇的最后一章中，将以史波勒极小期、蒙德极小期、道尔顿极小期等这些小冰期中气候特别严峻的时期为论述对象，讨论下述内容：

- 在小冰期中，世界各地的气候是怎样变化的？
- 气候寒冷化的主要原因是太阳活动的低下和巨型火山喷发。在小冰期发生的火山喷发是怎样影响气候的？
- 气温低下给人类带来深重的灾难。当时的人类为了克服自然环境恶化，做出了怎样的努力？

通过对以上一系列问题的讨论，力求还原小冰期中的寒冷化原貌。

1 草原扩张、冰河前进：史波勒极小期（1420—1530 年）

森林变成草原

到 15 世纪之后，太阳活动开始变得低下，在气候剧烈变化的同时，地球范围内的寒冷化也在不断加深。在欧洲中部的高地，森林地带急速缩小，中世纪温暖期覆盖冰岛的森林全部消失了。在苏格兰南部的高原，森林地带正如今天人们所看到的一样变成了牧草地。在苏格兰，由于从 15 世纪 30 年代开始连续遭遇严冬，小麦的种植变得相当困难，舍弃田地的农民成为暴徒。这也正是苏格兰国王詹姆斯一世于公元 1437 年在帕斯近郊狩猎途中被暗杀的社会背景。正是因为此次事件，苏格兰王室将皇宫从帕斯迁移到了爱丁堡，并一直沿袭到今天。

欧洲大陆在 15 世纪 30 年代农作物连年歉收，从公元 1437 到 1439 年，夏季暴雨频繁引发饥荒。在这一时期，法国有 3000 座以上的村庄成为荒村。在欧洲东部，由于粮食不足，再次出现了人吃人的现象，大量的难民从莫斯科大公国（俄罗斯西部）流入德意志。由于森林面积的减少，从莫斯科大公国的斯摩棱斯克到英格兰的广阔区域都有饥饿的狼群从山上下来袭击家畜的事件发生。童话《小红帽》最初被收录在 1697 年法国出版的《佩罗童话集》中，之所以选择饿狼作为坏人的形象，原因就在于此。

寒冷的年份一直从 15 世纪 30 年代持续到了 50 年代，据萨尔茨堡的大主教记载，从 1456 到 1459 年的农作物收获情况都异常恶劣。根据不列颠岛上的植物年轮分析，从 1419 到 1459 年之间植物的生长幅度都很小，这一现象显示了当时气候的恶化。世界从此进入了小冰期中的第一个极寒期，即史波勒极小期。

不过，世界气候并不是突然变冷，然后维持在寒冷状态的。16 世纪曾经出现过一段寒冷化暂时放缓，气候仿佛恢复到中世纪温暖期的时期。英格兰在 16 世纪 20 年代出现过 5 年连续丰收，并且在从 1537 到 1542 年的这 6 年中也都留下了丰收的记录。然而，到了 16 世纪 40 年代后半期以后，真正的极寒期到来了。

在 16 世纪，温度计等气象观测仪器还没有诞生，因此现在人们只能通过年轮分析，以及当时教会和港口公司对浮冰和风向的记录对当时的气候变化进行推测。就整个 16 世纪来说，当时欧洲中部的气候与 20 世纪前半期的 1901 到 1960 年的气候相比较，冬天和春天的气温要低 0.5 摄氏度，秋季的降水量比 20 世纪前半期多 5% 左右，从夏季到秋季的气候呈现低温多雨的特征。

到了 16 世纪下半期以后，寒冷化倾向更加显著。整个欧洲大陆夏季低温多雨，冬季更加寒冷，与 16 世纪上半期相比年平均气温降低了 1 摄氏度。在英国，人们称 1567 年的冬天为"大冬季"（Great Winter）。由于气温降低，农作物的生长期比之前缩短了 1 个月左右，在挪威高地，可供耕作的土地的海拔下降了大约 150 米，其他的地区也下降了 100 到 200 米不等。

在德意志，从 16 世纪 50 年代末期开始，在西侧高地坡面上进行的葡萄种植变得相当危急。瑞士也从 16 世纪 60 年代开始连年歉收，从 1570 到 1629 年有一半以上年份的收成都在正常年份的三分之二以下。伯尔尼的葡萄种植业全军覆没，瑞士再也没有新的葡萄田被开垦。

阿尔卑斯冰川在 16 世纪 70 年代以后再次开始前进。埃曼纽·勒华拉杜里（E. Le Loy Ladurie）进行了仔细的验证，发现葡萄收获日推迟的年份与冰河规模最大的年份一致。阿尔卑斯、冰岛、俄罗斯等各地的冰河向低地前进了 1 千米以上，1599 到 1600 年是冰河前进最远的时期。在这个时期发展出来的冰河一直延续到 19 世纪中期。

风景画中描绘的小冰期

一般认为荷兰画家彼得·布吕赫尔（Pieter Bruegel de Oude）的风景画中描绘了小冰期中的气候。《雪中猎者》（1565 年）、《冬季捕鸟陷阱风景》（1565 年）都是在史波勒极小期时创作的作品。

宾夕法尼亚大学的教授汉斯·纽伯格（Hans Neuberger）

于 1970 年对美国和欧洲 9 国的 17 座城市中的 41 座美术馆里收藏的共计 1284 幅以上的画作背景中所描绘的天气进行了定量调查。图 3-10 是其调查结果的总结，在图中，将画作中的天气描绘分为晴天、视线良好、低空有积云、阴天、阴暗共计 5 类，并用柱状图表示其频率。

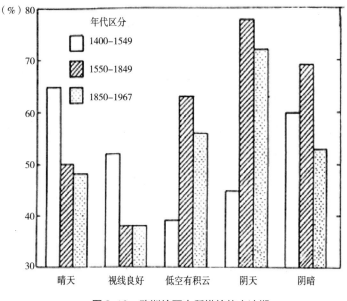

图 3-10　欧洲绘画中所描绘的小冰期

资料来源：Hans Neuberger「Climate in Art」（1970）

从 1400 到 1549 年之间，晴天和视线良好的画作超过半数，低空有积云和阴天的画作非常少。与此相对，从 1550 到 1849 年，史波勒极小期末期到道尔顿极小期期间，积云和阴天的比率急速增加。到小冰期结束以后，积云和阴天的比率又再次减少了。另外，风景阴暗的画作在 1550 到 1849 年之间比率相当突出。

阿尔卑斯北部爆发的"猎杀女巫"活动

气象灾害频频发生，深受其害的人们开始越来越关心"气象魔法"。《圣经·以弗所书》认为，大气之王是恶魔。托马斯·阿奎那（Thomas Aquinas）在著作中写道，严峻的天气是为了给人类以考验才出现的。基督教的教义也认为大气圈是恶魔、恶灵们活动的领域。由于气象灾害频繁发生，人们开始相信这些灾害是运用气象魔法的人所带来的，这种想法不断发酵，最后演变成为猎杀女巫的活动。

尽管圣女贞德被英格兰军抓获并在鲁昂被处以火刑是在 1431 年，但阿尔卑斯以北地区真正开始猎杀女巫的活动却是在 16 世纪 60 年代。在女巫审判中被处刑的人数，英格兰从 1566 到 1884 年有 1000 人，苏格兰从 1590 到 1680 年有 4000 人，瑞士伯尔尼周边从 1580 到 1620 年有 1000 人以上。猎杀女巫的受害者主要分布在德意志、瑞士、法兰西，人数多达 4 万以上。

然而，在阿尔卑斯以南的地区受害人数很少。猎杀女巫活动在意大利等地中海一带比较温暖的地区并不流行，从这一现象也可以看出猎杀女巫活动发生的背景是寒冷地区的气候恶化。同时，猎杀女巫活动在地域上也没有一致性，有一些地区大量猎杀女巫，其周边的地区却完全不对女巫进行审判。由此可知，尽管女巫审判是在异端审判所进行的，其主导力量却并不是罗马教廷。现在，比较有说服力的看法认为，女巫审判是在气候灾害严重的地区，民众为了发泄愤怒而自发举行的。

热带辐合带位置发生变化的可能性

让我们将视线投向欧洲以外的地区。在加拿大的落基山，1500 年以后的 200 年中冰河持续前进，16 世纪 100 年间的平均气温与 1961 到 1990 年这 30 年的平均气温相比低了 0.6 摄氏度。

青藏高原进入 16 世纪以后气温开始下降，根据喜马拉雅西部植物年轮推算出来的结果，从 1435 到 1454 年为止的 20 年春季的平均气温在过去 700 年中是最低的，冰河也大幅前进。中国从 16 世纪 50 年代开始，北方黄河流域干燥化、南方长江流域多雨的趋势更加明显。

不仅中纬度地区气候变化剧烈，北非也开始出现湿润化的倾向，西奈半岛的植物年轮分析结果显示，在 1500 年之后的 150 年中，当地的降水量是现在的两倍以上。死海的湖面水位也在 16 世纪达到顶峰，一般认为这是大陆性气团和地中海气团的交界线在气候寒冷化的情况下南下到达中东地区，从而引起了降水量的增加。

此外，通过还原位于非洲大陆肯尼亚的奈瓦沙湖的湖水深度发现，在中世纪温暖期时其周边气候比现在更为干燥，而在小冰期中最寒冷的黑子极小期时湖水却比现在更深（图 3-11）。

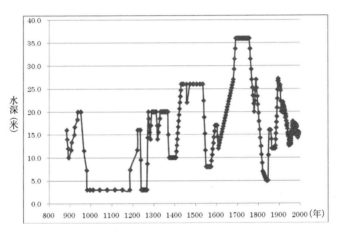

图 3-11 中世纪温暖期和小冰期中的肯尼亚奈瓦沙湖水深

资料来源：Vershuren et al（2000）

与此同时，阿拉伯半岛的也门，中国的西藏西部、东海沿岸，中美地区比现在更加干燥，从赤道到亚热地带，湿润地区和干燥地区的分布与今天不同。各地气温的差异让人不得不怀疑热带辐合带的位置发生了变化（图 3-12）。

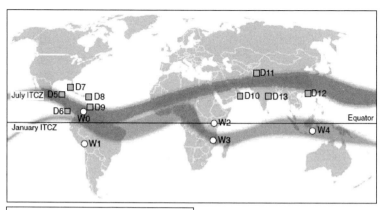

图例：
上方的带状物：现代的热带辐合带（7月）
下方的带状物：现代的热带辐合带（1月）
□所示地点：比现代干燥
○所示地点：比现代湿润

图 3-12　小冰期中热带辐合带周边的气候

资料来源：Jasper Kirkby「Cosmic Ray and Climate」（2008）(Springer Magazine 2008 Feburuary、原典は、Newton et al 2006)

并且，分布于热带到亚热带地区的热带辐合带的云层变厚，反射太阳光后引起地球整体反照率的增加，有可能进一步增大寒冷化的程度。

日本的情况：大量移民前往东南亚

在史波勒极小期中，日本频繁出现恶劣的气候，从 1459 到 1461 年，长禄、宽正年间饥荒情势尤为严重。就在这一时期，近畿附近的村落开始在周边挖掘壕沟。这些村落被称为环濠垣内集落，大和郡山市的稗田就是这一类村落的典型代表，从航拍照片中可以明显看出，这些村落周围有四方形的壕沟环绕。

1459 年（长禄三年）早春 3 月，正当春耕却滴雨未下。当时的文献记录称天空中可以看见两个太阳，"妖星犯月"估计是火山喷发或者是有彗星出现。过了夏季到了 9 月，台风袭击了京都，贺茂川泛滥，米价飞涨。1460 年从春季到初夏发生干旱，农田缺乏灌溉用水，村落之间的冲突开始爆发。到了秋季又开始下大雨，近江的水田遇水灾，同时发生了蝗灾。备前、美作、伯耆等地粮食匮乏，留下了"人人相食"的记载。

第二年粮食短缺蔓延到了全国，从 1462 年的 1 月到 2 月，京都大量人被饿死。据京都东福寺所藏《碧山日记》记载，当时为了吊唁死者用小木片制作了8.4万座卒塔婆[1]，后来只剩下2000 座。

不光是 16 世纪初的古文书记载了当时日本从春到夏的干旱以及秋季的大雨，从木曾山扁柏的年轮分布上也可以找到当时夏季降水量减少的迹象。并且，通过对木曾山扁柏和屋久杉的年轮进行分析，以及对尾濑沼的湖沼沉积芯进行古气候分析，可以确认整个 16 世纪都存在低温倾向。

从历史上来看，16 世纪是日本人向东南亚移民活动非常活

_____

[1] 梵文 stüpa 的音译，原本指安置舍利子的塔。在日本现在多指写上供养文字，制作成塔形的吊唁死者的木片。

跃的时期，在锁国之前的 1600 到 1630 年之间，移民的人数达到了 10 万之多。在泰国的大城以及越南的会安都有日本街被建造起来。不过，这些日本人融入当地社会的程度不高，大多被华侨雇用或成为贸易商人，山田长政 ① 也只不过是泰国国王宋桑的佣兵队长。当时可能是遭遇饥荒的难民自发移民的，或者是被作为奴隶贩卖出去的。

2 北大西洋振荡和北极振荡

从整体来看小冰期，欧洲和亚洲极端寒冷的年代在时间上存在 10 到 20 年的差异。阿拉斯加和芬兰北端的拉普兰等靠近北极圈的地区与欧洲大陆相比，在 1580 年前后寒冷化出现变缓的迹象，在寒冷化的发展进程上也存在地域间的差异。在亚洲，17 世纪的中国江西省，由于霜害，柑橘类作物的种植遭受了很大的打击，与此相对，从诹访湖的御神渡的日期进行推算，日本 17 世纪的寒冷化程度并不高。

正是由于寒冷化存在如上所述的时间以及地域的差异，IPCC 第三次评估报告才将小冰期视为地区性现象，不认为它是同时在地球整体出现的气候现象。然而，欧洲和亚洲、北半球东西部之间的气候变化的差异以及北极圈附近寒冷化较晚发

---

① 山田长政（1590—1630），通称仁左卫门，日本裔泰国商人、军事将领。

生等现象，可以从气压分布的角度作一定程度的解释。以下的篇幅中，将对北大西洋振荡（NAO：North Atlantic Oscillation）和北极振荡（AO：Arctic Oscillation）进行介绍。

吉尔伯特·沃克的另一发现

在本书第二篇的开头介绍了对厄尔尼诺现象做出先驱性研究的吉尔伯特·沃克，和他发现的南方振荡。沃克在从印度回到英国以后，将视线投向冰岛和西班牙远洋的亚速尔群岛的气压分布，于 1924 年发现了北大西洋振荡。

南方振荡体现的是塔西提和达尔文等太平洋赤道附近东西两地海域的气压差异，而北大西洋振荡体现的则是大西洋海域南北方向上的气压分布差异。北大西洋振荡用 NAO 指数进行表述。在当靠近北极圈的冰岛周边存在低压、北纬 33 度附近的亚速尔群岛上空有高气压分布，南北之间的气压之差变大时，NAO 指数取正数。反之，当北侧出现高压，低纬度地区出现低压，两地之间气压之差缩小时，NAO 指数取负数。

在第二次世界大战前后，瑞典气象学家卡尔·古斯塔夫·罗斯贝（Carl-Gustaf Rossbay，1898—1957）投入了大量精力研究大气循环。他先是在祖国跟随威廉·皮叶克尼斯进行研究，其后移居到美国，先后担任马萨诸塞州工科大学的助教和芝加哥大学的教授。他因发现给一个月到数个月内的气象变化带来巨大影响的罗斯贝波 ① 而闻名于世。

他于 1947 年发表有关大气循环的论文，文中指出低压气团从大西洋进入欧洲的路径十分重要。低压气团通常从苏格兰南部向丹麦以及斯堪的纳维亚半岛北部地区沿东北方向移动。然而罗斯贝认为，这一路径会受到高空急流 ② 的影响而发生改变。

在气候温暖时，北极圈上空的高空急流会向北侧移动，因此低压气团的路径会向高纬度一侧偏移，经过冰岛和拉普兰到达科拉半岛。如此一来，路径南侧的欧洲大陆夏季就会被海洋性高气压所控制。同样，在气候寒冷时，高空急流南下，低压气团有从北纬 56 度到北纬 60 度之间的北海进入波罗的海的倾向。在这一气压分布下，夏季气温低下，农作物收成减少，到了冬季则会引起冰河前进。

气压分布的差异带来的气候变化

事实上，如同罗斯贝的发现一样，低压气团前进的路径与气压分布有着密切的联系，气压分布的变化是改变欧洲气候的基本要素之一。在北半球，高气压风的流向是顺时针方向，低气压风的流向则是逆时针方向。简单来说，也就是在高气压的西边吹南风，东边吹北风。当 NAO 指数为正时，欧洲大陆中

---

① 罗斯贝波（Rossby wave）：由于地转参数随着纬度的变化而产生的大尺度大气波动。
② 高空急流（upper-level jet stream）：对流层顶附近出现的准水平向急流。

央地区由于存在高压气团，欧洲西部地区吹西南风，由于这一
西南风会从大西洋赤道海域带来温暖的空气，因此从法兰西到
不列颠岛以及斯堪的纳维亚地区会成为温暖的气候。反过来，
当 NAO 指数为负时，由于在冰岛附近盘踞有寒冷的阻塞高气
压，在高气压的东侧吹拂的西北风将会给欧洲大陆带来北极圈
寒冷干燥的空气。而此时冰岛西侧的格陵兰由于吹西南风，气
候则会变得相对温暖。

　　图 3-13 是从古代观测记录中总结出来的伦敦以及英格兰
吹西南风的天数情况，其时间范围为 1340 到 1978 年。西南风
天数较少的年份，据推测 NAO 指数为负的天数也相应较多，
同时在小冰期中其分布也与极寒时期保持一致。在 1605 年的
荷兰船长的记录中，从荷兰前往位于西南方向的西班牙的航
程，比从西班牙回来的航程要少一天半。由此可知，当时欧洲
大陆西岸吹东北风的日子要比吹西南风的日子更多。

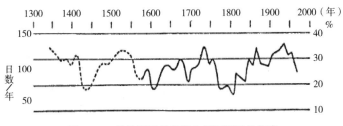

图 3-13　伦敦以及英格兰东部西南风的频率

注：图表根据间接资料绘制。

资料来源：H.H.Lamb「Climate, History and Modern World」（1995）
　　　　　（山本武夫『気候の語る日本の歴史』より転載）

并且，在 NAO 指数为负的情况下，高气压西侧的西南风无法到达高纬度，风成循环（第 1 篇第 1 章）中的北大西洋海流会减弱。因此海水从热带向北极圈输送的热量减少，促进了欧洲北部的寒冷化。

北极振荡所引起的寒暖地域差

自从吉尔伯特·沃克发现了北大西洋振荡之后，北大西洋振荡就受到了人们的关注，人们从 1900 年开始对其进行精确的观测。同时，从 20 世纪 90 年代开始，北极振荡这一气候模式也被提出。如果从北极点的上空俯视北半球，会发现上空大气的气压分布形状如同年轮一样，呈现出环状。北极振荡用 AO 指数加以描述，当北极的气压较低，与中纬度地区的气压差值比正常年份大的情况下该值取正，反之当气压差值较小的情况下 AO 指数取负值。

由于高空急流在南北气压差较大的情况下能量更强，因此在 AO 指数为正数时，高空急流的风速较快，其路径也更接近直线。在这种情况下，尽管中纬度地区低压气团势力强大，但是高空急流形成的屏障阻挡了北极圈的寒冷空气的南下。反之，当 AO 指数为负数时，高空急流的风速减慢，路径也变得更曲折。当高空急流出现曲折形成山谷之势时，在山型区域的南部，温暖的大气北上带来温暖的冬季，在谷型区域的北部，北极寒冷的空气南下则会形成严冬。

近些年来，时常有报道指出，当日本暖冬时位于地球另一侧的欧洲迎来严冬，或者欧洲的滑雪场雪量不足时，美国东海岸却下起大雪等。这些由于东西纬度差异所引起的气候差异，与北极振荡的幅度或者位置有关。对比太平洋北端的阿留申群岛和冰岛的低气压势力会发现，两者之间存在像跷跷板一样此消彼长的关系。

北大西洋振荡和北极振荡，这两个指数的正负状况一直保持一致，近些年有很多研究者认为两者实际上是相同的。只不过 NAO 指数的角度是从大西洋中纬度地区往北极圈方向展开，而 AO 指数则将焦点放在北半球冬季的环状气流上。在小冰期中，很可能大多数时间 NAO 指数为负，在这些时候由于 AO 指数也为负，高空急流发生曲折，因此位于同一纬度的不同地区也会出现气温不同的倾向以及降水量大小的差异。

3 严重的饥荒和农业革命：蒙德极小期（1645—1715年）

小冰期中最寒冷的时代

1600 年 2 月 17 日，秘鲁南部埃纳普蒂纳火山喷发。火山喷发（火山灰、碎屑流等喷出物）总量为 30 立方千米，相当于 1815 年坦博拉火山的五分之一，1991 年皮纳图博火山的三倍。由于该地区的火山喷发含有大量的硫黄成分，因此"火山之冬"的影响非常大。中欧在 1601 至 1602 年间迎来了严冬；俄罗斯在 1601 至 1602 年发生了历史上最大的饥荒，死亡人数超过 50 万人；法国 1601 年收获葡萄酒的时间在 1500 到 1700 年间排第七；德国在过去的 75 年里酿葡萄酒的平均值下降到 5% 以下，葡萄酒产业几乎破产；在瑞士，1600 至 1601 年是 1525 到 1860 年这 335 年间最寒冷的一年；中国浙江省杭州市的桃花花期推迟了 27 天；日本诹访湖的御神渡 [①] 是 500 多年来的记录中日期最早的四次之一。

17 世纪火山非常活跃。17 世纪 40 年代初期，菲律宾的棉兰老岛的帕克火山喷发，之后，17 世纪 60 年代晚期、1675 年、1698 年持续有大规模的火山喷发。在日本，北海道南部的驹岳在 1640 年和 1694 年两次喷发，有珠山在 1663 年、樽前山在 1667 年喷发，并引发了阿伊努部族之间的斗争。

不仅是大规模的火山屡屡喷发，从 17 世纪中期开始太阳黑子消失，地球开始进入蒙德极小期。近年来的观察发现，太阳活动在 11 年的黑子变化周期中会产生 0.1% 左右的变化，而在蒙德极小期中其活跃程度比现在的平均值还要小 0.2% 左

---

① 诹访湖结冰后，冰层若达到一定厚度便会随昼夜温差膨胀和收缩。白天气温上升，这个过程会缓和下来，但到了气温下降的夜间，如果湖面面积不足以支持冰层的膨胀，冰面便会出现裂缝，同时发出较大响声。这种自然现象称为"御神渡"。

右。尤其是紫外线的变化幅度非常大,据推测小冰期中比现在少 0.7%。由于平流层中的氧气和臭氧会吸收紫外线,对地球的温暖化有重要作用。因此有新的假说提出,蒙德极小期中紫外线辐射量的减少或许也是地球整体出现寒冷化的原因之一。

太阳黑子消失的时期是从 1645 到 1715 年,这段时期,即使在从 1680 到 1730 年小冰期的 500 年当中进行比较也是极端寒冷的时期。英格兰从 1659 年开始用温度计观测气温。从观测记录来看,17 世纪后半期的年平均气温比 20 世纪前半期低 0.9 摄氏度,尤其是从 1690 年开始的 10 年平均气温比 20 世纪前半期要低 1.5 摄氏度。从气温的变化进行推测,现在英格兰中部的积雪天数为 2 到 10 天,那么从 1670 到 1730 年之间的积雪天数估计为 20 到 30 天。

1683 年,英格兰西南部的萨默赛特土地结冻深达 1 米。同年在法兰西北岸出现了宽 5 千米的浮冰,荷兰沿海到北海出现了宽 20 千米的浮冰,波罗的海上的航运中断了。伦敦自 1688 年开始八九年的冬季都举行了结冰日的活动。1709 年冬季波罗的海结冻,人们可以徒步在海面上行走。

1695 年对于冰岛来说是最糟糕的一年。冬季浮冰环绕全岛,有好几个月船只都无法靠岸。随着北极圈的寒冷海水南下,冰岛一带的鳕鱼和太平洋鲱的捕捞变得相当困难。

阿尔卑斯冰川在 1690 到 1700 年之间继续前进。格林德瓦冰河的顶端在 1600 年位于海拔 1600 米处，到 1700 年下降到了从 1000 米到 1300 米的地区。在其后，阿尔卑斯冰川于 18 世纪 70 年代以及从 19 世纪 20 年代到 50 年代这段期间内继续前进。在同一时期，北美大陆的冰川也开始前进，阿拉斯加、落基山脉，甚至华盛顿州的雷尼尔山都出现了冰河向低地发展的现象。

寒冷气候改变了葡萄品种

在蒙德极小期中气温最低的时期，欧洲各地的葡萄种植陷入了困境。法兰西从 17 世纪 60 年代开始产量减少。以 1692 年为例，一直到 4 月 24 日树木都还没开始抽芽，到了 10 月 18 日就开始有霜降，其后 9 天巴黎郊外就有 15 厘米厚的积雪，天气条件极其恶劣。第二年情况也大致相同，从 1693 到 1694 年，葡萄酒的产量降低到了中世纪以来的最低水平。

在气候变化的背景下，人们开始种植耐寒的葡萄品种。在大城市巴黎的近郊，开始选择种植虽然品质较次、可是较为耐寒的葡萄品种，而优质葡萄则在远离消费地的南部进行种植。流传到今天的葡萄品种中，很多都可以在这个时代找到。当时使用霞多丽类进行酿制的白葡萄酒中有沙布利、马孔、白皮诺等，在里昂北部博若莱则使用佳美类葡萄酿制红葡萄酒。并且，在这一时期，在香槟区的欧维莱尔村的本笃修道院管理葡萄酒的唐·培里侬（Dom Pérignon）改进了酿造技术，并成功酿制出了起泡酒。

时间继续流逝，德意志也开始不得不应对寒冷的气候。1775 年以后，在莱茵高的约翰内斯堡，为了延长生长期，人们开始采取晚摘法，并开始生产用西万尼和雷司令混合酿制的晚摘葡萄酒。精选冰白等高级贵腐葡萄酒也是在这一时期确立的。

不断减少的欧洲人口

瑞士的苏黎世保存着从 1638 年一直到现代的每年积雪天数的完整记录。根据这一记录，17 世纪 90 年代的积雪天数大致为 75 天，而进入到温暖期的 20 世纪 20 年代则只有 42 天。如果算上伯尔尼近郊的积雪天数，在小冰期严寒期中的积雪天数达到 150 天，而在 1962 到 1963 年这一 20 世纪中相对寒冷的时期积雪天数也不过 86 天。从积雪天数的变化可以推测出，从 1683 到 1700 年之间的苏黎世的冬季平均气温，与 20 世纪前半期相比低 1.5 摄氏度左右。

寒冷化不仅使葡萄种植变得困难，给整个农业生产也带来了很大的负面影响。在 17 世纪 90 年代的英格兰，一年当中可以进行耕作的天数与温暖的 20 世纪相比少了 30 到 50 天。不仅是英格兰，苏格兰、挪威、瑞士等欧洲一带的农作物产量都大幅减少。

农作物收成的下降直接影响到人口。法兰西在 1693 年谷物生产量骤减，同年，北法兰西的死亡人数达到一成。尤其是在奥弗涅地区，饥荒造成的死亡率达到了 20%，整个法兰西的死亡人数达到了 200 万人。

英格兰从 17 世纪 60 年代到 18 世纪 30 年代死亡率高于出生率，导致人口减少。芬兰在 1697 年，由于饥荒，三分之一的人口死亡了。此外，在波兰，17 世纪人的平均身高与中世纪温暖期相比减少了 2 到 4 厘米，人口素质也下降了。

亚洲的寒冷化和江户时代的饥荒

再来看亚洲。史波勒极小期末期之后，热带辐合带南移，印度北方被寒冷气团占据，夏季的西南季风所带来的降水量减少，引发了严重的干旱和缺水。根据荷兰东印度公司的记录，17 世纪的中国台湾地区北风强劲，由此可以推测不仅是印度，在亚热带许多地区都有从北方而来的寒冷气团南移。

有研究论文指出，中国在最近的 500 年中，从 1650 到 1700 年之间是最寒冷的时期。中国东北地区从 1560 到 1690 年之间的平均气温与现在相比低 0.5 摄氏度。从中国南部的主要湖泊的结冻次数来看，位于长江下游沿岸的太湖在 17 世纪和 16 世纪都是 4 次，而洞庭湖也是 4 次，远远高于其他世纪中的结冰次数。在寒冷的气候中，位于长江南岸的江西由于霜害严重，放弃了柑橘的种植。

日本在 17 世纪中叶之后，寒冷化越发显著，多次发生严重的饥荒。以子午改元为基准对江户时期的日本人口进行推算，1721 年时人口为 3128 万，1846 年为 3242 万，基本上没有增长。这可能是由江户中期以后发生的多次饥荒所导致。

关于这些饥荒有很多提法，其中，六大饥荒的提法如下：

- 宽永饥荒：1642—1643 年
- 元禄饥荒：1691—1695 年
- 享保饥荒：1732 年
- 宝历饥荒：1753—1757 年
- 天明饥荒：1782—1787 年
- 天保饥荒：1833—1840 年

宽永饥荒发生于欧洲气温上升时期，并且当时出现了西日本干旱，东日本寒冷的恶劣情况。在东北，弘前的梨花 7 月才开放，秋田 8 月遭受霜害。有可能是从鄂霍次克海高压地区吹来的寒冷的东北气流，或者是从西伯利亚而来的寒冷高气压长时间停滞造成的。

元禄饥荒发生于蒙德极小期，与欧洲变寒冷的时期一致。根据弘前藩的《天气相觉》所载，1695 年（元禄八年）从正月开始降雪、降温，气温持续低迷，到了 7 月东风袭来，降雨不停。在《元禄八年津轻大饥馑觉》中出现"山背"①一词。饿死和因疫病死亡的人数仅弘前藩和盛冈藩合计就有 15 万人。

享保饥荒的特征是蝗害。在东亚地区，大雨之后发生干旱就会招致蝗灾。享保饥荒与宽永饥荒相比发生在相对温暖的时期，主要的受灾区域是西日本。由于虫害，西日本的收成减少了 27%，据《德川实纪》所载，饥民有 265 万人，饿死者多达 96 万人。

紧随其后的宝历饥荒主要由北方的山背现象造成。寒冷的东北风从 6 到 8 月一直吹拂着八户藩，尤其是在日本靠太平洋一侧饥荒造成的后果更为严重。在盛冈藩就有 5 万人被饿死。

从六大饥荒的持续年数来看，炎热年份因干旱造成的饥荒基本上会在 1 年内结束，而因袭击关东以北地区的冷害而造成的饥荒则持续了长达 4 到 7 年之久。

从荷兰开始的农业革命

在蒙德极小期中，尤其是在寒冷的 17 世纪 90 年代，世界各地发生大规模的饥荒，人们的生活非常困顿。与此同时，为

---

① 日文词。特指从春天到秋天，从鄂霍次克海吹到日本的寒冷潮湿的东北风或东风。

了生存，欧洲各地开始爆发农业革命。

欧洲之所以在小冰期的寒冷化中遭到很大打击，一方面是由于中世纪温暖期时人口增加，另一方面则是由于欧洲长期以来一直延续着从罗马时期就开始的地中海式农业。当时的欧洲，从斯堪的纳维亚半岛到东欧的广大地区都种植小麦，甚至波罗的海沿岸都种有酿酒用葡萄。这种以谷物为中心的农业布局本身就是以温暖的气候为前提的，到了寒冷的小冰期以后自然就难以为继。

为了克服严酷的天气，各个地区的人们都发挥了革新技术的聪明才智。荷兰从 17 世纪上半期开始在旱地上种植经济作物，而耐寒的芜菁和改善土壤的苜蓿等作物则从荷兰被带到不列颠岛的诺福克，18 世纪已经发展为四圃式轮栽制的诺福克式耕作方法。原本荞麦在欧洲鲜有种植，而荷兰人看中了荞麦耐寒的特性，从 1550 到 1650 年之间大量种植，荞麦从此开始在欧洲农作物中占有了一席之地。英国的大地主将农田围起来，开始在肥料的利用和排水设施上下工夫。这些努力最终演变成农业革命。

真正的救世主是谁

不过，以英国和荷兰为中心发生的农业技术的革新，在历史上，尤其是在经济史中有被夸大的嫌疑。对于欧洲大部分的人来说，真正的救世主是从新世界来的新品种农作物——土豆和玉米。

土豆是茄科多年生草本植物，原产于安第斯高原，当地的印加人从 6 世纪就开始种植土豆了，之后又经过了驯化改良，西班牙人到达当地时品种已经有 300 种以上了。

1570 年左右，西班牙入侵者将土豆作为土特产带到了欧洲，三年后塞维利亚开始将土豆作为医院用餐食料。然而，由于土豆的形状较为怪异，当时的传言称土豆会引起抑郁症，俄罗斯的牧师更断言土豆是"魔鬼的植物"，认为它是引起麻风病和佝偻病的元凶。并且，由于土豆在《圣经》中并没有记载，有一些宗教人士认为食用土豆的人会受到神的惩罚。所以，土豆的种植没有立刻普及开来。

土豆的原产地安第斯高原气候寒冷湿润，与小冰期中的欧洲十分相似，因此土豆十分适合在欧洲生长。同样大小的土地，种植小麦可以生产一个人的口粮，如果种植土豆则可以产出两个人的口粮。不仅如此，土豆还更加节省劳动力，营养也很丰富，生长期与小麦等作物相比也要短 3 到 4 个月。

土豆有如此多的优点，终于在 17 世纪 90 年代的饥荒中，爱尔兰和苏格兰的土豆种植开始普及。得益于此，爱尔兰人口从 1754 年的 320 万人增加到 1845 年的 820 万人，增长了约 1.6 倍。在爱尔兰和苏格兰人移民美国东北部时，土豆于 1718 年又以再出口的形式被带到了北美大陆。在欧洲，以普鲁士的弗雷德里克国王为代表的各国国王都开始积极推动土豆的种植，匈牙利政府在 1772 年将扩大土豆生产写进了国策。

出生于苏格兰的经济学者亚当·斯密（Adam Smith，1723—1790）在其主要著作《国富论》中，提到土豆的作用时说："（土豆）养活了更多的劳动力，让男人更强壮，女性更美丽。"

由于土豆的普及，从荷兰到比利时的佛兰德斯一带，从 1693 到 1791 年之间，人均每天的谷物消耗量从 758 克减少到了 458 克，土豆的消耗量则上升到了相当于谷物消耗量的 40% 的水平。在法国，从 1371 到 1791 年的 420 年间发生了 111 次饥荒，然而，在 18 世纪以后发生的仅有 16 次，饥荒的发生频率大大降低。可以说，土豆的栽培将人们从恶劣的气候中拯救了出来。

并且，由于土豆的高产量，欧洲社会将更多的人口从农业生产中解放出来，并最终产生了工业劳动者，从这个意义上来说，土豆对产业革命的发展起到了巨大的推动作用。

原产于中美洲的玉米最早被称为"西班牙玉米"，于 17 世纪 70 年代开始在欧洲南部进行种植。由于小冰期时期的玉米品种无法适应北方的寒冷气候，所以玉米种植主要以地中海一带为中心，到 18 世纪 80 年代，玉米栽培地从西班牙、葡萄牙、意大利扩大到了巴尔干半岛。埃及的气候十分适合玉米的生长，因此埃及的玉米种植比欧洲各国更早普及，玉米在 17 世纪就成为埃及的主要农作物之一。

在中国，玉米作为大米的替代品也迅速普及开来。17 世纪，中国农业产品的 70% 都是大米，到了今天这一比率下降到 40% 以下，中间的差额就是由玉米所填补的。在西非，玉米取代了黍和埃塞俄比亚原产高粱的地位。

近代思想的诞生

小冰期时期近代思想得以诞生。标榜宗教改革的新教之父——马丁·路德（1483—1556）和约翰·加尔文（1509—1564）都生活在史波勒极小期中，在 17 世纪初第一个长达 10 年的严寒期中，伽利略·咖利莱（1564—1642）和约翰内斯·开普勒（1571—1630）提出了地动说。同一时期，在英国诞生了弗兰西斯·培根（1561—1626），在法国诞生了勒内·笛卡尔（1596—1650）等近代哲学之父。

构建了万有引力理论体系的牛顿 1642 年出生于英格兰东侧沿海林肯郡埃尔斯索普的名士之家，卒于 1727 年，享年 85 岁。他所生活的年代几乎跟蒙德极小期完全重合。在同一时期，孟德斯鸠（1689—1755）奠定了三权分立的思想和议会制民主的基础。亚当·斯密以"看不见的手"的概念提出了市场经济的思想，并直接影响到了现代碳排放权交易的设计。

在距今 2800 年的寒冷期中，发生了精神革命，佛教和儒教诞生，犹太教也得以确立。6 世纪的"谜之云"所引起的世界性的气候变化促进了佛教在日本的扩张，以及伊斯兰教在世界范围内的普及（第二篇第 3 章）。在小冰期中也发生了类似的范式转移，这一现象实在是引人深思。构建现代社会基础的物理学、政治哲学和经济学的绝大部分成就都可以追溯到生活在小冰期最寒冷时代的人们身上。

澳大利亚的经济学家熊彼特用创新来解释经济的发展。他的理论认为，在经济不景气的时期会萌发技术革新的幼苗，并在经济景气的时期给社会整体带来财富。气候和人类的智慧或许也可以用同样的关系加以解释。革命性的思想在寒冷时期萌芽，到温暖时期得以普及，并给社会和经济带来发展。说起来，人类之所以开始农业，也是原本以狩猎采集为生的人们在新仙女木期陷入严寒困境而不得已作出的选择。

4 火山频繁喷发和"无夏之年"：道尔顿极小期（1790—1830 年）

18 世纪剧烈变化的气候

18 世纪前半期的欧洲冷热温差非常大。1708 年和次年冬季非常寒冷，波罗的海冻结，人们可以徒步穿行。1716 年的冬季伦敦的泰晤士河再次结冻。1718 年气候为之一变，炎热干燥的夏季席卷了整个欧洲。从 18 世纪 20 年代到 18 世纪 30 年代前半期，除 1725 年外，英格兰的气温甚至可以和 20 世纪的高温相提并论，在 1735 到 1739 年之间，北海道的气温也比其后 200 年的任何时期都要炎热。

然而，18 世纪四五十年代以后，气候再次变得寒冷。冰岛在 1756 年时与公元 695 年一样，被流冰封锁了长达三个星期。法兰西从 1765 到 1777 年，德国从 1763 到 1776 年，都出现了寒冷化的倾向。阿尔卑斯冰河在 1777 到 1778 年之间再次前进了。

从太阳黑子的数目和放射性碳同位素分析结果可以得知，从 18 世纪 70 年代开始太阳活动低下，道尔顿极小期开始了。不过，道尔顿极小期没有像史波勒极小期和蒙德极小期一样出现大规模的黑子减少，黑子减少的时间只有 40 年左右，减少量仅为蒙德极小期的一半。如果影响气候的因素仅仅只有太阳活动的程度，那么或许小冰期已经接近尾声。然而，从 18 世纪后半期到 19 世纪 40 年代，地球整体的火山活动开始活跃，大规模的火山喷发给气候带来了巨大的影响。

拉基火山、浅间山的喷发和天明饥荒

1783 年的 5 月到 6 月，冰岛的拉基火山发生大规模喷发，同年的 7 月 8 日，日本浅间山也发生了大规模喷发。在拉基火山喷发后的 6 月，法国南部日出、日落时地平线附近由于被大气中飘浮的火山灰所阻挡而无法看见太阳。北半球的夏季气温下降了 1.3 摄氏度，这一影响持续长达 5 年。欧洲西部的农业遭受了巨大打击。在北美大陆，加拿大的落基山脉冰河规模最大的前进也是发生在这一时代。哥伦比亚冰河附近的气温在 1783 到 1788 年之间平均下降了 1.6 摄氏度，甚至有些年份下降了 2 摄氏度以上。

浅间山喷发流出的熔岩造成吾妻村 1500 人死亡，杉田玄白在《后见草》中提到，关东地区因泥石流死亡的人数多达 2 万人。很多人因此把浅间山喷发所引起的气候恶化看作是天明饥荒的原因，然而，东日本以北地区的天气从喷发之前的初春就开始恶化，在关东，从初春开始降雨不停，天气一直很寒冷，甚至 6 月都要穿上冬衣御寒。所以说，当时的日本可能还受到了拉基火山喷发的影响。

在青森县八户市新井田的对泉院中有江户时代用来吊唁死者的"饿死万灵等供养塔"，其反面塔壁上刻有天明饥荒的景象。1778 年（安永七年）前后开始，日本农作物的收成不尽如人意，到了 1783 年（天明三年），"4 月 11 日早上电闪雷鸣，吹海风，下大雨"，由此可知，浅间山喷发之前日本就已经有了冷夏的迹象。浅间山喷发后，"雨一直下到 8 月末，9 月 1 日终于天晴了。整个夏季都必须穿棉衣御寒。水田和旱地中的作物都没有结实，还是青苗。人们登上岳上丘挖蕨根，不用说海草和山草，连蒿草都磨成粉末食用，不仅如此……"碑文到此戛然而止，之后有关食人肉的记载被铲除了。八户藩市上野右卫门所著的《天明卯辰梁》中也记载了食人肉的相关内容。日本人原本认为马肉有毒，从天明饥荒以后，也开始食用马肉了。

根据各藩的记录，东北北部在天明饥荒中饿死的人数，弘前藩有 102000 人，八户藩有 30105 人，盛冈藩有 40850 人，仙台藩因疫病和饥饿死亡的人数共计有 20 万人以上。天明饥荒前后日本的人口减少了 111 万，约占当时日本人口的 4.3%。饥荒一直持续到 1787 年，其冲击在六大饥荒中也最为严重，引发的米骚动和暴乱从关东一直蔓延到了北九州。

法国大革命为何发生在 1789 年

1788 年的降水量只有 12 毫米，是 1781 至 1795 年间最少的一年。1788 年春天是高温少雨的天气，加上土壤水分蒸发多的因素，呈现出干旱的景象。无论是春小麦还是冬小麦，在 6 月份以后收割的话，4 月是生长的关键时期。从 1774 至 1788 年的农业产量统计来看，比较 15 年间的平均值，1788 年的收获量，小麦约占 60%，其他杂粮仅占三分之二。

歉收使粮食价格上涨。在下层劳动者的人均收入中伙食费所占的比例从 55% 上升到了 88%。也许是因为家计不宽裕，葡萄酒的价格与 1787 年相比下降了 50%，制造企业因此受到了很大的打击。从 1787 年年末开始，法国全境发生了严重的粮食短缺，直到 1789 年 7 月巴士底狱遭到袭击，小麦价格不断上涨。

法国大革命根本原因在于陈腐落后的社会制度，将气候的变化作为其主要原因不免牵强。然而，尽管这一变革的发生有其必然性，在革命的前一年，气候恶化使农民和劳动者陷入贫困，正是在这一背景下，革命才最终于 1789 年爆发。

从 1812 年开始的寒冷顶点：击溃拿破仑军队的严寒

从 18 世纪 90 年代中期到 19 世纪初期，欧洲的夏天重新变得温暖宜人，冬季的严寒也有所缓和。在之后，从 19 世纪 10 年代开始，世界各地再次开始发生大规模的火山喷发。这次火山喷发的浪潮，是从 1812 年 4 月加勒比海圣文森特岛的苏弗里埃尔火山喷发和同年 8 月印度尼西亚苏拉威西岛的阿乌火山喷发开始的。

各地的火山开始喷发的时候，欧洲已经开始出现气候寒冷化的征兆。在法兰西和瑞士，考察葡萄的收获日可以得知，从 1812 年开始的 6 年中气温低下，可以认为欧洲再次进入了自 1777 年后的另一个寒冷期。从波罗的海沿岸各国的气温来看，19 世纪 10 年代前半期的气温低下十分明显。有记录显示，1812 年丹麦、挪威、芬兰、瑞典出现明显的农业歉收现象。也正是这一年，拿破仑的军队开始远征俄罗斯。

气候异常的征兆从夏天就开始出现了。或许是因为气候异常，疫病在马群中传播，引起马匹腹痛，阻碍骑兵部队的行动。在托尔斯泰的《战争与和平》中提到，7 月 12 日从夜里开始起雾，并下起了暴雨，当年的夏季风暴也十分频繁。

拿破仑远征失败最重要的原因是后勤补给不足。拿破仑军队于 7 月攻下斯摩棱斯克后，参谋们向拿破仑建议先在此地过冬，到次年以后再进攻莫斯科。然而，当时的后勤连用于过冬的物资都没有办法提供，拿破仑除了速战速决以外别无选择。并且，拿破仑自身的指挥能力也很值得怀疑。他舍不得向战场投入近卫军的兵力，并且眼睁睁错过了俘虏俄罗斯名将库图佐夫的千载良机，甚至最后还延误了从莫斯科撤退的时机。率领第二骑兵队的缪勒曾经说道："已经不能再说大帝是天才了。"最终，由于补给不足所引起的饥饿以及严寒的袭击，法兰西联军溃不成军。

《战争与和平》中写到，严冬在 10 月 28 日就到来了。严寒史无前例地早早来临，到 11 月份气温就降到零度以下，并开始下暴风雪。步兵在日记中写道："天气非常寒冷，乌鸦冻僵了从空中坠落。"拿破仑军队于 11 月 25 日到达第聂伯河的支流别列津纳河畔，却发现抢先一步到达的俄军已经把桥烧毁了。拿破仑军队为了架设渡河用的临时性桥梁不得不徒步渡过漂着浮冰、水深齐颈的河流，大批士兵都被冻死了。到 12 月上旬气温下降到零下 32 摄氏度，很多跟不上的残兵都被大部队抛弃了。远征开始时拿破仑军队一共动员了 46 万人，最后的兵力损失到只剩 30 万人。

坦博拉火山的喷发和"无夏之年"

1815 年 4 月，印尼松巴哇岛的坦博拉火山发生了大规模的喷发。喷发从 4 月 5 日开始，最激烈的时期是同月的 11 到 12 日之间，三个月后坦博拉火山的海拔降低了 1200 米以上。火山周边 300 千米范围内连续三天都暗无天日，松巴哇岛上的火山积尘厚达 91 厘米，巴厘岛上的积尘也有 30 厘米之厚。据查尔斯·莱尔（Charles Lyell）的《地质学原理》记载，当时松巴哇岛上的 1.2 万名居民中幸存下来的仅有 26 名。而在印度尼西亚，因为其后的气温低下和伴随火山喷发所发生的地震，包括饿死者在内共有 9.2 万人死亡。

末次冰期以后火山喷发共计有 5560 次以上，坦博拉火山喷发属于最强级别，其规模甚至超过了导致克利特文明灭亡的公元前 1627 年的圣托里尼岛火山喷发。火山喷发散播到大气中的火山灰的数量是 1980 年华盛顿州圣海伦火山的 100 倍，1883 年喀拉喀托火山喷发的 10 倍。因火山喷发而被排

放到大气中的硫酸盐气溶胶在格陵兰岛的冰芯中有明显残留
（图 3-14 ）。

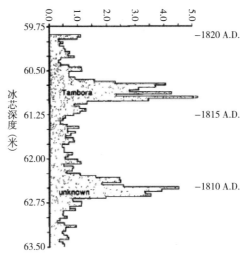

图 3-14　格陵兰岛冰芯中所含硫酸盐气溶胶浓度

资料来源：Dai, J., E. Mosley-Thompson, and L.G. Thompson(1991):Ice core evidence
　　　　　for an explosive tropical volcanic eruption six years preceding Tambora,
　　　　　Journal of Geophysical Research, vol.96, pp. 17,361-17,366.

　　在伦敦，1815 年夏天的夕阳因火山喷发产生的气溶胶而
呈现出不同寻常的红色和橙色；在欧洲中部和西部，平均气温
比 1810 至 1819 年这 10 年间的平均气温低 1 到 3 摄氏度。这
是 1812 年以后气温下降趋势下的一次火山爆发，比 1951 至
1970 年这 20 年间的平均气温还要低 3 摄氏度。欧洲除地中
海部分地区少雨外，降水量均有所增加。在美国，康涅狄格

260

州 1816 年 6 月 4 日下了霜，纽约州奥尔巴尼 6 月 6 日下了雪。由于天气异常寒冷，人们将 1816 年称为"无夏之年"。根据年轮的分析，大西洋两岸的火山喷发导致气温大幅下降，从北半球整体来看，与 1880 至 1960 年的夏季平均值相比，1816 年下降 0.51 摄氏度，1817 年下降 0.44 摄氏度，1818 年下降 0.29 摄氏度。

1816 到 1817 年，欧洲和北美因为异常的低温而歉收。同一年法国巴黎周边的气温与正常年份相比，6 月低 2.2 摄氏度，7 月低 3.5 摄氏度，8 月低 2.8 摄氏度，9 月低 1.6 摄氏度。尤其是 7 月的气温是观测史上最低，降水量也比往常多了 50%。葡萄的收获日也较往年晚，阿尔卑斯地区是 11 月，法国北部和中部则为 10 月末到 11 月左右。美国新英格兰的谷物因霜冻而枯死，北卡罗来纳州的收获量也只有往年的三分之一。由于家畜饲料缺乏，这年冬天大量家畜饿死。加拿大粮食严重不足，政府于 1816 年 7 月至 9 月禁止谷物出口。

1816 年 6 月，有 5 名男女因为天气异常所带来的长时间降雨被困在了瑞士日内瓦郊外的别墅中。在这 5 名男女中，有英国诗人乔治·拜伦（George Byron）以及他的朋友雪莱（Shelley），和雪莱日后的妻子——当时 18 岁的玛丽·戈德温（Mary Godwin），以及拜伦的主治医生约翰·波利多里（John Polidori）。他们在阴云密布的雨天一边评论德国的恐怖小说，一边讨论有关幽灵的话题，以此来打发时间。波利多里从当时的对话中获得了灵感，于 1819 年创作小说《吸血鬼》，之后又被布拉姆·斯托克（Bram Stoker）进一步发展写成了《德拉库拉》。而玛丽根据在别墅讨论时所做的笔记，于 1831 年写出了《弗兰肯斯坦》（又称《科学怪人》）。

山背风引起的天保饥荒：是日本特有的异常天气吗

天保饥荒开始于 1833 年，1837 年达到高峰，一直持续到 1840 年的大丰收，前后长达 7 年，其间夹杂着暖冬和冷夏，而引起饥荒的原因则被认为是由山背引起的冷害。另外，日本海沿岸和九州北部也留有歉收的记录。由此可以推断，北太平洋的冷空气不仅是由信风型的鄂霍次克高气压造成的，也有来自西伯利亚的冷空气侵袭。

1833 年（天保四年），津轻从 4 月下旬开始因干旱缺水引发骚动，6 月过后突然开始下大雨，并伴随着强劲的东风。盛冈周边从 5 月下旬开始低温多雨，到 8 月份就开始遭受霜害，9 月 1 日降下大霜，农作物丰收无望。

到 1863 年（天保七年），据记载，盛冈藩"从春天开始强风不停，夏季无暑气，'恶风'一直刮到 9 月份"，水稻从播种期开始生长状况就很糟糕，7 月的盂兰盆节之后也只有三分之一的稻苗抽穗。

农作物连年歉收，从产量来看，1833 年为 52.5%、1835

年为 57.2%、1836 年为 42.4%，约减少了一半，奥州的情况更为糟糕，这几年的产量分别为 35%、47.2% 和 28%。冷害一直持续到 1838 年，造成大量人口被饿死。弘前藩由于饥饿（7.5万人）和疾病（2.6 万人），藩内的人口减少了一半。

天保饥荒由于持续时间较长，所以给后世留下了形势较为严峻的印象。然而，从死者人数上进行对比，1783 到 1784年的天明饥荒死亡人数要多得多。此外，就饥荒的严重程度来说，也无法与宝历饥荒相提并论。这是由于在此次饥荒期间，气候恶化的程度相对并不严重，另外则是由于政府在之前的饥荒中获得了经验，采取了储备粮食和使用御用金等救济措施。

在天明和天保饥荒中，东日本所遭受的损失比西日本大，太平洋一侧所遭受的损失比日本海一侧大。尽管饥荒持续了相当长的一段时期，四国和九州的人口还是增加了。因此以东日本为势力范围的德川幕府衰弱，长州、萨摩、土佐等西日本大藩的经济实力增强。由于气候变化所引起的东西日本之间力量的此消彼长，可能也是引发明治维新的潜在原因之一。

爱尔兰的土豆饥荒

1845 年，土豆晚疫病菌开始在欧洲全境大流行。如果感染了这种疫病菌，土豆的茎、叶以及根部都会出现小斑点，出现干枯的症状，土豆腐烂，不久就会枯死。1842 至 1843 年，疫病从马萨诸塞州、纽约州、宾夕法尼亚州等美国东海岸开始蔓延，1844 年扩散到加拿大和整个北美地区。1845 年 6 月下旬，携带疫病病菌的土豆被装船运往比利时，渡过大西洋。

1845 年 7 月，爱尔兰在上旬出现了不寻常的高气温，但到下旬就变成了低温，进入 8 月还是持续着日照时间少、低温湿度高的状态。这种湿润的天气为疫病细菌传播提供了条件。8 月中旬病菌蔓延到英格兰西南部，9 月中旬蔓延到整个不列颠岛和爱尔兰东部，10 月蔓延到整个爱尔兰。病菌在爱尔兰持续肆虐了 5 年，直到 1849 年。

1845 年饥荒发生时，人口超过约 850 万人，到 1815 年减少到 650 万人，其中死亡人数据推测在 80 万到 100 万之间。其余超过 100 万人移民到英格兰、美国和加拿大。从 1846 年开始，每年有超过 10 万人移居，这种趋势一直持续到 19 世纪 60 年代。肯尼迪家族也于 1848 年 10 月从爱尔兰东南沿岸的纽罗斯乘船前往波士顿。移民潮在土豆饥荒以后也没有停止，直到 19 世纪 60 年代人口持续减少后才有所改善。

小冰期结束于何时

天保饥荒和爱尔兰的土豆饥荒被认为是小冰期中最后发生的大饥荒。然而，从太阳黑子数上来看，19 世纪 30 年代太阳活动已经开始恢复，这两次饥荒很可能只是在气候转回温暖的过程中所发生的"振荡"。到19世纪50年代以后，尽管以10年为单位来看仍然存在寒暖差异，气温上升的征兆却越来越明显了。

1855年阿尔卑斯的霞慕尼周边冰河开始后退，到1861年以后冰河的后退越发显著。法国和瑞士的山岳地带的冰河后退在1857年以后也十分明显。欧洲大陆在冰河后退的同时葡萄的收获日也开始提前。

在英格兰，1868年的夏季气温连续多日超过30摄氏度，当年的冬天也留下了暖冬记录。美国西海岸从19世纪50年代到60年代的平均气温比从1930到1960年的平均气温高1.5摄氏度，降水量也多20%。

从全球平均气温来看，从1879年开始的10年间又出现了寒冷化的倒退，到19世纪末期气候温暖化再次变得显著。欧洲的夏季气温从1889年开始，秋季气温从1890年开始，冬季气温从1897年开始都出现了明显的提升。

不同的研究者对于小冰期结束的时期持不同的意见。其主要的分歧点在于时间轴和气候变动的要因上。大部分的研究者认为小冰期结束的时期应该是黑子数恢复到长期平均水平，大规模火山喷发的发生频率也恢复到正常的19世纪50年代左右。而另一部分意见认为小冰期的终点应该是太阳活动触底反弹的1700年，又或者在充分考虑到10年单位的气候变动的基础上，以前后差异明显的 1900 年作为小冰期的终点。不管怎样，小冰期结束了，地球随之迎来了一直持续到现在被称为"现代暖期"的温暖时代。

后记
与气候变化的斗争仍在继续

1 20 世纪的气候

根据 IPCC 第四次评估报告，地球整体的平均气温在 20 世纪的 100 年间上升了 0.74 摄氏度。不过，气温并不是直线上升的，如果以 10 到 30 年为单位对气温进行审视就会发现，其间存在温暖化的时期和向寒冷化倒退的时期（图 4-1）。

从 20 世纪初开始到 20 世纪 40 年代，尤其是 20 世纪 20 年代和 20 世纪 30 年代气温上升的倾向尤为显著。这一时期的温暖化不光可以从世界各地的观测结果、格陵兰冰芯和年轮等资料中得以确认，当时的普通人也留下了记录。

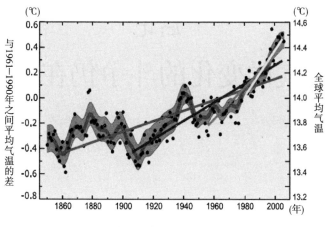

图 4-1　19 世纪后半期到 20 世纪的气温变化

注：●：年平均
　　带：5%~95% 的系统误差
　　线：25~150 年的趋势

资料来源：IPCC 第 4 次評価報告書　TS.6.

　　位于挪威北部海域北纬 78 度的斯匹次卑尔根岛盛产煤，在岛上的港口有许多运煤的船只往来。20 世纪上半期由于有浮冰到达此地，一年当中船只仅在特定月份才能到达该岛。一直到 20 世纪 20 年代，一年当中可以航行的月份都只有夏季的 3 个月。然而到了 20 世纪 30 年代后半期，一年当中有 7 个月都可以从岛上运出煤来。

　　此外，在 20 世纪 30 年代的美国西南部发生了被称为"黑色风暴"的严重干旱。1939 年的《时代》杂志报道了以下内容："老人们坚持称他们小时候的冬天更加难熬，他们是完全正确的……至少气象预报员坚信现在的世界正在逐渐变暖。"

然而，到20世纪40年代气温上升的势头开始放缓。1941年德国进攻莫斯科和列宁格勒失败的原因之一就是寒潮的袭击。1941年东欧的夏季炎热干燥，由于长时间维持着超过40度的高温天气，士兵们非常抵触携带防寒装备。当时，在德国被称为气象预报第一人的气象学者弗朗茨·鲍尔（Franz Bauer）认为，过去两年的严冬从统计学上来说不可能延续到第三年，接下来应该就会进入暖冬。这成为战争司令部的判断基准，350万人、120个师团之中，只有占领地驻军的60个师团分到了防寒装备。但是，实际的天气状况与预测的完全不同，由于发生了厄尔尼诺现象，苏德战场迎来了比往年更严峻的寒潮。根据统计数据来看，从1880到1990年的110年间，发生了26次厄尔尼诺现象，此时的斯堪的纳维亚半岛有70%的概率温度比往年更低。坦克发动机的活塞被冻住，机油也冻成冰柱，坦克军团变成了一堆废铁，而希特勒作为圣诞节的慰问品送到前线的葡萄酒也冻成了冰。

20世纪40年代初期所出现的异常的寒冬，有可能是以数十年为单位展开的长期性气候变化中的"振荡"。在那之后，从20世纪40年代后半期到20世纪70年代，地球进入了20世纪中相对寒冷的时期。

从IPCC第四次评估报告中所记载的观测结果来看，这一次气温下降以20世纪50年代到60年代为最低点，世界各地尽管在程度大小上存在差异，但是都曾发生。从格陵兰、冰岛、乌克兰的降水量每年增减趋势来看，在经历过 20 世纪前半期的连年增加之后，从 20 世纪 50 年代开始的 20 年间出现了减少倾向，由此可知地球气候出现了长期性的变化。日本在 20 世纪 60 年代也进入了寒冷化，主要是因为工厂的烟囱排放出来的氧化硫、汽车排放的氧化氮在大气上层发生电离，变成悬浮颗粒，成为与"火山之冬"一样遮挡阳光的太阳伞。

从 20 世纪 70 年代开始，地球的平均气温再度回升，到 80 年代中期以后温暖化的趋势开始变得显著。从地球整体来回顾 20 世纪中的 100 年间的气候变化就会发现，从 1900 年到 20 世纪 40 年代温暖化程度加深，紧接着到 20 世纪 70 年代为止出现了寒冷化倾向，气温下降到接近 1900 年的水平，其后从 1980 年前后开始气温再次转为上升。

20 世纪 80 年代以后的平均气温的上升有一个特点，那就是与包括 20 世纪前半期在内的过去的气温上升相比，其速度前所未有地急剧升高。根据 IPCC 集合世界各地的超级电脑进行模拟运算所得出的结果，气温急剧上升的主要原因是人为排放到大气中的温室气体。气候变化的原因分为自然原因和人为原因，现在可以确定的是，仅凭自然要素无法解释 20 世纪后半期的急剧温暖化。虽然部分观点认为人为造成的地球温暖化开始于 19 世纪中期发达国家进入工业化的时期，然而在 IPCC

第四次评估报告书中认为，由人为因素造成地球温暖化是从最近 30 年才开始变得显著的。

在 20 世纪 80 年代之前地球的气候变化，自然原因所占的比例相对要大。自 1883 年喀拉喀托火山喷发后，一直到 20 世纪前半期几乎没有发生过大规模的火山喷发，这对于地球气温从小冰期中回暖也起到很大作用。火山活动再次开始活跃是 20 世纪中期以后的事情，1963 年巴厘岛的阿贡火山、1980 年美国华盛顿州的圣海伦斯火山、1982 年墨西哥的埃尔奇琼火山，最后是 1991 年菲律宾的皮纳图博火山。在皮纳图博火山喷发以后，一直到现在，还没有大规模的火山喷发。

在考虑气候变动时，不能忽视太阳的活跃程度。太阳黑子数目的增减可以很好地解释 20 世纪 40 年代之前的气候变化，20 世纪 60 年代之后长达 10 年的黑子减少时期也与寒冷期相吻合。之后，从 20 世纪 80 年代中期到 2000 年，太阳黑子减少，太阳活动进入低谷。然而，地球气温却没有下降，这在一定程度上也可以印证温室气体的作用。

2　下一次冰期何时到来

在 20 世纪 70 年代，由于从 20 世纪中期开始异常气象频现，人们不由得联想到地球寒冷化，"新的冰期"即将到来的论调十分引人注目。很多经历过这一时期，并且长期对气候保持关注的人心中或许也抱有这样的疑问："30年前不是说马上就会出现寒冷化吗？"

当时所说的异常气象指的是低温少雨，而这一现象经常意味着寒冷时代的到来。在气象厅原预报官根本顺吉所著的《冷却的地球》（1981年）中也提到，1890年到20世纪40年代是太阳活动活跃的时期，从1964年开始太阳活动逐渐衰弱。他还预言，20世纪的最后30年地球气候将出现寒冷化，尤其是20世纪80年代后期的寒冷化会十分严峻。不过，人类如果能够挨过这一时期，21世纪将重新迎来温暖的时代。

1974年3月日本气象厅发布的气候变动调查研究会的报告预测今后会出现寒冷化。报告认为，异常天气经常伴随着以数十年或者百数十年为周期的气候变动，而当下北半球高纬度地区的寒冷化倾向十分明显，气候正在向19世纪之前的低温期状态发展。除了气象厅的报告之外，有关寒冷化动向的研究也十分流行，甚至有猜测认为下一个小冰期会在2050到2100年之间到来。

当时研究者之间十分流行的有关寒冷化的各种想法主要是因为考虑到了历史上冰期和间冰期的10万年周期循环的因素。当前的间冰期，在第一篇中论及的大约是从1.17万年前开始的，过去的间冰期应发生在12万年前、24万年前、32万年前，持续时长1万年左右。从长期来看，现在已经处于下一个冰期的入口位置。

美国海洋气象厅（NOAA）于 1973 年在回答气象厅的问卷时答道："当前的间冰期已经过去了 1 万年左右，可能剩下的时间已经不多。可以想象在今后 1000 年到数千年的时间内，可能出现地球气候迅速向冰期转变的阶段。"

甚至今天弗吉尼亚大学的古气象学者威廉·拉迪曼（William Ruddiman）还是认为 8000 年前的全新世温暖期为最高峰，现在的地球气候正处于向冰期发展的进程当中。他进一步认为，之所以现在的气候维持在温暖状态，是由于人类开始农业后砍伐森林导致大气中二氧化碳和沼气浓度增加所引起的温室效应所致。他还猜测，在石化燃料枯竭以后，地球将逐步寒冷化，并在 1000 年后进入下一个冰期。

下一个冰期何时到来？冰期和间冰期的周期大约为 10 万年，这与地球轨道变化中的离心率一致。但是，离心率的周期变化不仅仅是 10 万年，也有 40 万年左右发生一次的，在这个周期下，地球轨道长时间接近正圆。如果此时北半球的日照量变动较小时，间冰期将会长期化，远远超过 1 万年。

2004 年，欧洲的南极观测队 EPICA（European Project for Ice Coring in Antarctica）取得了一些成果。这个研究小组使用从南极大陆采取到的冰芯对过去 78 万年间的气候进行了分析，发现距今 41 万年的间冰期是过去 78 万年中最大、最长的间冰期，前后持续了 2.8 万年之久。并且，现在的地球轨道与当时的地球轨道十分相似，到达地球表面的日照量也与当时一样。

也就是说，地球在未来的 1 万年都不会进入冰期（图 4-2）。

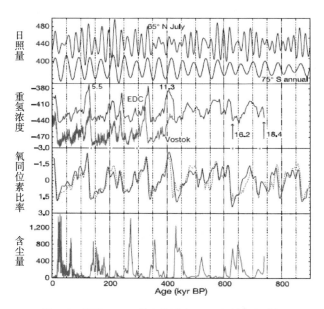

图 4-2　根据 EPICA 做出的过去 80 万年的气候分析

注：日照量（W/m²，北纬 65 度的 7 月以及南纬 75 度的 1 月），重氢浓度（‰），
　　海洋氧同位素比率（‰），含尘量（μg/kg）。

资料来源：EPICA「Eight glacial cycles from an Antarctic ice core」（2004）

　　IPCC 第四次评估报告中于"现代间冰期何时结束"这一
部分中采用了 EPICA 的主张。并且以缺少证据为由否定了拉
迪曼的"人为造成的温暖化缓和了自然因素引起的寒冷化"假
说。如果北半球高纬度地区的日照量骤减，那么现代间冰期很
有可能结束。然而，地球公转轨道的离心率很低（接近正圆），
至少在未来 1 万年不会出现大的变化，因此当下很难想象北半

球的夏季会与 11.6 万年前上一个间冰期结束时一样，出现急剧
的寒冷化。

伦敦大学学院自然地理学教授克洛尼（Cloney）提出了不
同的见解。2012 年在科学杂志《自然·地球科学》上发表的论
文中，对地球轨道的三个要素进行了细致的验证，认为现在的
间冰期比 41 万年前的间冰期更像 76 万年前开始的间冰期。在
这种情况下，1500 年后可能会进入新的冰期。不过，他还附
带了一句"如果大气中的二氧化碳浓度低于 240ppm"。二氧
化碳的温室效应非常强大，可能会抵消自然因素造成的周期性
冰期。

3 IPCC 所揭示的地球温暖化：可预测的风险

图 4-3 的图表显示了 IPCC 第五次评估报告对 2100 年之前
气温上升的预测。有 RCP 这四种情况，温室气体排放量和社
会对策各不相同。与工业革命前相比，2.6 是为了将气温上升
幅度控制在 2 摄氏度以下而采取的严格对策，而 8.5 则是完全
不采取对策，任由经济活动自由发展。4.5 和 6.0 这两个是中间
版本。从每年召开的气候变化框架条约签署成员会议 (COP) 的
讨论来看，实施温室气体排放量严格削减的可能性并不高，另
一方面，很难想象世界经济不采取减排对策。大概 4.5 到 6.0
之间会成为现实吧。

对 1986 至 2005 年平均值的分析, 21 世纪末气温上升预测中心值分别为 1.0 摄氏度、1.8 摄氏度、2.2 摄氏度和 3.7 摄氏度。考虑到与工业革命前的对比, 一般将 1850 至 1900 年的平均值作为基准, 在此基础上, 21 世纪末的气温上升情况分别为 1.6 摄氏度、2.4 摄氏度、2.8 摄氏度和 4.3 摄氏度。以 IPCC 的预测为基础, 考虑到全球变暖带来的危害, 不仅是 COP, 各国都在讨论具体对策。

图 4-3 中关于 21 世纪末气温上升的预测, 虽然根据温室气体排放对策的程度有所差异, 但大体上是单调递增的。这是

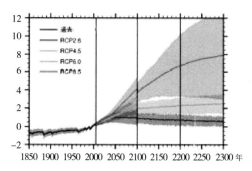

世界平均气温变化（℃）[a]	情况	2046～2065年		2081～2100年	
		平均	较高可能性的变化幅度	平均	较高可能性的变化幅度
	RCP2.6	1.0	0.4～1.6	1.0	0.3～1.7
	RCP4.5	1.4	0.9～2.0	1.8	1.1～2.6
	RCP6.0	1.3	0.8～1.8	2.2	1.4～3.1
	RCP8.5	2.0	1.4～2.6	3.7	2.6～4.8

图 4-3　IPCC 第 5 次评估报告: 气温上升的预测

注: 以 1986—2005 年平均值为基准, 预测 21 世纪中期和 21 世纪末时世界平均气温。
资料来源: IPCC · AR5, 技术要约, 图 TS15, 表 TS1

因为以大气和海洋相结合的气候模型为基础，通过改变温室气体排放的输入值来计算的，是以"初始值问题"或"边界值问题"的思考方式求解的。虽然在表示温室气体导致的温室效应程度方面有意义，但是把这张图看作是表示将来的气温会出现误解。IPCC原文明确区分了"Prediction"和"Projection"。图4-3的日语翻译是"预测"，从英语原文来看或许应该翻译成"预想"。未来的气候变化要复杂得多。

随着温室气体浓度的上升，云的生成会发生怎样的变化，这是一个很大的问题。不仅仅是云量的增减，有观点认为：上层云的温室气体的温暖化效果增强，下层云反射日照有助于变冷，具有相反的效果。不仅是气候内部的问题，还有太阳活动的变化以及随之而来的银河宇宙射线的影响等外部因素的观点。此外，大气中的二氧化碳在海洋和植物的光合作用等作用下将来如何被吸收，碳循环的研究也有必要进一步细化。当人类活动产生的二氧化碳排放量变为零时，大气中残留的二氧化碳浓度如何在将来的时间轴上逐步减少，这样的碳循环研究也很重要。

4 气候一直在剧烈变化：无法预测的不确定性

那么，实际气温是否会在今后的数十年里急速上升，之后放缓呢？

古气候学的奠基人华莱士·布鲁克（Wallace Broecker）在1987年的英国科学杂志《自然》中表示，他十分后悔自己在大众的头脑中留下了温暖化是平缓的这一印象。确实气候的变动有可能以平缓的方式发生，同样也存在着突然发生剧烈变化的可能性。他说："我们在气候问题上玩俄罗斯轮盘，并且期望未来不会发生不愉快的意外。然而，我无法像大多数人一样保持乐观。"

布鲁克在之后也一直发出警告。1997年他向美国地质学会机构刊物《今日美国地质学会》（GSA Today）投稿，再次重申了他的一贯看法，他说道："过去没有哪次气候变化是平缓发生的。地球的气候总是一下子就从一个状态变为另一个状态。"今后100年中地球气候出现失控的可能性约为1%。然而现在地球人口每年增加1.75%，到2100年预测会有140亿人，一旦气候失控，人类文明就有可能毁于一旦。

如果大气中的温室气体持续增加，当地球平均气温上升4到5摄氏度时，是否有可能导致格陵兰岛的冰盖融化，并最终导致大西洋洋流停止呢？如果停止的话是否会再次出现新仙女木期一样的寒冷化？布鲁克的担心与IPCC的模拟结果完全背道而驰。

可预测的风险可以通过事先制定对策而避免其发生。IPCC的报告在对21世纪的气候变动作出预测的同时，还囊括了环境评估和抑制温暖化的方法等内容，提出了应对风险的措施。

　　然而，这些风险究竟何时会发生，一旦发生会有多大规模，却完全无法预测。布鲁克的担心正是在考虑到这些不确定性的基础上产生的。

　　近些年的古气候学研究中，有两个事实得以明确。首先，通过分析格陵兰岛和南极冰芯发现，当前大气中的二氧化碳、沼气、一氧化二氮等温室气体的浓度已经远远超过过去 60 万年的水平。大气中二氧化碳的含量在上一个间冰期，艾木间冰期中的峰值为 280ppm，在过去 4 次间冰期中的上限也仅为 300ppm，而现在的含量则为 400ppm，已经远远超出了过去 60 万年中的上限。海水中溶解的二氧化碳量会随着水温的上升而减少，因此在温暖期大气中的二氧化碳会因自然因素而增加。但是，自然因素造成的上限是 300ppm 左右，现在多增加的这 100ppm 应该是由于化石燃料的使用。大幅超过过去二氧化碳浓度的上限，会给气候乃至地球环境带来怎样的影响呢？

　　古气候学的一大贡献则是发现在过去曾发生过多次气候剧变。通过对格陵兰岛冰芯中的氧同位素进行分析发现，末次冰期不光寒冷，气候变化也非常剧烈。地球于 1.17 万年前左右开始进入间冰期，气候逐渐变得温暖，就在这一过程中，新仙女木期中突然出现了长达 1300 年的气候急剧变化的严寒期。全新世气候最适宜期在 5500 年前结束于急剧的寒冷化，根据推测，这同样是由于北半球日照量降低，气候出现非线性变化所致。

其后，每当寒冷期到来，许多看似强大的文明便毫无征兆地灭亡了。从中世纪以后来看，所谓的小冰期并不仅仅是气候寒冷，气温的变动幅度也比现在大，经常在因异常低温所引起的歉收之后又紧跟着出现可以与20世纪匹敌的酷暑干旱。气候的剧烈变化造成了农业生产的不稳定，给人们的生活带来了极大的挑战。布鲁克因此将气候变化称为"猛兽"。

5 人类是否具有应对气候剧变的能力

我们现在所处的间冰期与末次冰期相比，气候的变动幅度大大缩小，尤其是从19世纪中期开始直到现在，气候更是前所未有地稳定。尽管现在也经常听到异常气象这一词语，但大多数是指30年一遇的正常现象，并不是真正气象学意义上的异常气象。事实上，在20世纪70年代也有很多人热衷于讨论当时异常的低温少雨现象。不管在任何时代，当发生自然灾害时，人们都会以为自己遇上了气象上的异常。

然而，从包括古代气候的气温图表上来看，我们正生活在历史上绝无仅有的气候稳定的时代。而更加不可遗忘的是，正是由于如此稳定的气候，人类才得以将人口维持在现有的水平。没有人知道稳定的气候何时会结束。使用现有的气候模型进行的模拟运算，还没有办法对非线性动向的气候剧变进行准确的预测。

　　唯一可以断定的是，稳定的气候不会永远持续下去。气候变动比现在更为剧烈的时代必然到来。并且，谁都不能保证，超过过去 60 万年上限的大气中急剧增加的二氧化碳不会成为气候剧变的导火索。

　　人类所面临的危机，并不是气温的平缓上升。突如其来的气候剧变才是文明崩溃的要因。即使今后气温的上升会在达到某个峰值之后下降，或者 IPCC 的模拟预测出现问题，超出数十万年间最高值的二氧化碳浓度还是有可能引发气候剧变，是相当不稳定的因素。

　　由于预测存在不确定性，所以只能在问题发生时谋求应对。在 8 万年前从非洲渡过红海移居到全世界的人类，"冰河时代的孩子"在不断剧烈变化的气候中发展出了高度的智能。人类对气候的变化有着优秀的适应能力，并因此席卷了地球。在末次冰期结束后，虽然人类文明都因寒冷化的冲击而岌岌可危，可是每一次人类都克服了危机，并建立起了更为强健的社会经济组织。

　　不过，现在的人类却处在一个完全不同的阶段。首先就是超出 60 万年的气候变化周期上限的大气中的温室气体浓度不断上升。正像布鲁克所说的一样，在间冰期以后，气候变动的不确定性已经达到了最大。与以往人类所遭受过的寒冷化的冲击不同，现在的人类文明正面临着前所未有的，急剧的全球温暖化的威胁。

其次则是世界人口已经急速增加到了 80 亿之多。从末次冰期开始，人类是通过迁徙来应对气候变化的。然而，现在地球上已经住满了人类，并且人类的数量还在以每年 8000 万人口的速度增加，也就是说，人类因气候变化而迁徙就会引发纷争，从 20 世纪 60 年代以后来看，非洲大陆、南亚、中美洲就出现了类似的事件。科学的进步可以弥补人口过密所造成的人类文明的脆弱这一想法，现在看来也太过乐观了。

不确定性已经增长到了一个新的阶段。或早或晚，气候的剧变一定会到来。人类究竟是否可以像一路走来那样运用强大的适应能力渡过危机，再一次构筑起更为强健的文明社会呢？

图字：01-2022-2490

KIKO BUNMEISHI SEKAI WO KAETA HACHIMANNEN NO KOBO written by
Yasushi Tange.

Copyright © 2010 by Yasushi Tange. All rights reserved.

Originally published in Japan by Nikkei Publishing Inc. (renamed Nikkei Business
Publications, Inc. from April 1, 2020)

Simplified Chinese translation rights arranged with Nikkei Business Publications, Inc.
through Hanhe International (HK) Co., Ltd.

图书在版编目（CIP）数据

气候文明史 /（日）田家康著；范春飚译 . —北京：东方出版社，2023.4
书名原文：気候文明史
ISBN 978-7-5207-3038-9

Ⅰ .①气… Ⅱ .①田… ②范… Ⅲ .①气候变化—关系—世界史—研究
Ⅳ .① P467 ② K107

中国版本图书馆 CIP 数据核字（2022）第 206394 号

气候文明史

（QIHOU WENMINGSHI）

作 者：[日] 田家康
译 者：范春飚
责任编辑：袁 园
出 版：东方出版社
发 行：人民东方出版传媒有限公司
地 址：北京市东城区朝阳门内大街 166 号
邮 编：100010
印 刷：北京文昌阁彩色印刷有限责任公司
版 次：2023 年 4 月第 1 版
印 次：2023 年 4 月第 1 次印刷
开 本：880 毫米 ×1230 毫米 1/32
印 张：9.5
字 数：180 千字
书 号：ISBN 978-7-5207-3038-9
定 价：69.00 元
发行电话：（010）85924663 85924644 85924641